四川省示范性高职院校建设项目成果

C 语言程序设计

——理实一体化教学课程

主　编　邓　绯

副主编　唐　权　朱　倩　徐红梅

编　委　陈　印　钱　立　骆文亮

熊　辉　梁　琰

西南交通大学出版社

·成　都·

图书在版编目（CIP）数据

C语言程序设计：理实一体化教学课程 / 邓绯主编.
—成都：西南交通大学出版社，2013.8（2016.9 重印）
中央财政“支持高等职业学校提升专业服务产业发展能力”项目建设成果

ISBN 978-7-5643-2625-8

Ⅰ. ①C… Ⅱ. ①邓… Ⅲ. ①C语言－程序设计－高等学校－教材 Ⅳ. ①TP312

中国版本图书馆 CIP 数据核字（2013）第 206444 号

C语言程序设计
——理实一体化教学课程
主编 邓 绯

责任编辑	李芳芳
助理编辑	张少华
封面设计	墨创文化
出版发行	西南交通大学出版社 （四川省成都市二环路北一段 111 号 西南交通大学创新大厦 21 楼）
发行部电话	028-87600564 87600533
邮政编码	610031
网 址	http://www.xnjdcbs.com
印 刷	成都中铁二局永经堂印务有限责任公司
成品尺寸	185 mm × 260 mm
印 张	15
字 数	373 千字
版 次	2013 年 8 月第 1 版
印 次	2016 年 9 月第 2 次
书 号	ISBN 978-7-5643-2625-8
定 价	32.00 元

序

在大力发展职业教育、创新人才培养模式的新形势下，加强高职院校教材建设，是深化教育教学改革、推进教学质量工程、全面培养高素质技能型专门人才的前提和基础。

近年来，四川职业技术学院在省级示范性高等职业院校建设过程中，立足于“以人为本，创新发展”的教育思想，组织编写了涉及汽车制造与装配技术、物流管理、应用电子技术、数控技术等四个省级示范性专业，以及体制机制改革、学生综合素质训育体系、质量监测体系、社会服务能力建设等四个综合项目相关内容的系列教材。在编撰过程中，编著者立足于“理实一体”、“校企结合”的现实要求，秉承实用性和操作性原则，注重编写模式创新、格式体例创新、手段方式创新，在重视传授知识、增长技艺的同时，更多地关注对学习者专业素质、职业操守的培养。本套教材有别于以往重专业、轻素质，重理论、轻实践，重体例、轻实用的编写方式，更多地关注教学方式、教学手段、教学质量、教学效果，以及学校和用人单位“校企双方”的需求，具有较强的指导作用和较高的现实价值。其特点主要表现在：

一是突出了校企融合性。全套教材的编写素材大多取自行业企业，不仅引进了行业企业的生产加工工序、技术参数，还渗透了企业文化和管理模式，并结合高职院校教育教学实际，有针对性地加以调整优化，使之更适合高职学生的学习与实践，具有较强的融合性和操作性。

二是体现了目标导向性。教材以国家行业标准为指南，融入了“双证书”制和专业技术指标体系，使教学内容要求与职业标准、行业核心标准相一致，学生通过学习和实践，在一定程度上，可以通过考级达到相关行业或专业标准，使学生成为合格人才，具有明确的目标导向性。

三是突显了体例示范性。教材以实用为基准，以能力培养为目标，着力在结构体例、内容形式、质量效果等方面进行了有益的探索，实现了创新突破，形成了系统体系，为同级同类教材的编写，提供了可借鉴的范样和蓝本，具有很强的示范性。

与此同时，这是一套实用性教材，是四川职业技术学院在示范院校建设过程中的理论研究和实践探索的成果。教材编写者既有高职院校长期从事课程建设和实践实训指导的一线教师和教学管理者，也聘请了一批企业界的行家里手、技术骨干和中高层管理人员参与到教材的编写过程中，他们既熟悉形势与政策，又了解社会和行业需求；既懂得教育教学规律，又深谙学生心理。因此，全套系列教材切合实际，对接需要，目标明确，指导性强。

尽管本套教材在探索创新中存在有待进一步锤炼提升之处，但仍不失为一套针对高职学生的好教材，值得推广使用。

此为序。

四川省高职高专院校
人才培养工作委员会主任

二〇一三年一月二十三日

前　言

随着计算机的普及和社会信息化程度的提高，掌握一门计算机语言已经成为计算机用户必备的技能之一。目前，无论是本科还是专科都将 C 语言作为学习程序设计的入门语言。C 语言功能丰富、表达能力强、使用灵活方便、应用面广、目标程序效率高、可移植性好，既具有高级语言的优点，又具有低级语言的许多特点。

通过对本课程的学习，学生可以掌握传统的结构化程序设计的一般方法，以 C 语言为语言基础，培养严谨的程序设计思想、灵活的思维方式及较强的动手能力，并在此基础上，逐渐掌握复杂软件的设计和开发手段，为后续专业课程的学习打下扎实的理论和实践基础。因此，本课程是一门理论性和实践性均较强的课程。

本书内容包括初识 C 语言，C 语言基本数据类型、表达式，顺序程序设计，选择程序设计，循环程序设计，数组，函数，编译预处理，指针，结构体、共用体，文件的操作等。

本书由四川职业技术学院邓绯担任主编并负责统稿，具体的编写分工为：第一章和附录由邓绯编写，第二章由钱立编写，第三章由陈印编写，第四、五章由朱倩和唐权共同编写，第六章由徐红梅编写，第七章由骆文亮编写，第八章由熊辉编写，第九章由熊辉和徐红梅共同编写，第十章由梁琰编写。

在本书的编写过程中参考了大量文献资料，在此向相关文献作者表示衷心感谢！由于编者水平有限，同时编写时间比较仓促，书中难免有疏漏和不足之处，恳请同行专家及读者提出宝贵意见和建议。

编　者

2013 年 6 月

前 言

目　　录

第 1 章　初识 C 语言

【学习目标】

☞　了解 C 语言的发展历史；
☞　掌握 C 语言程序的基本构成；
☞　掌握 Visual C++ 6.0 编程环境。

【知识要点】

🕮　C 语言程序的基本组成；
🕮　Visual C++ 6.0 编程环境的使用。

1.1　C 语言的发展过程

C 语言是在 20 世纪 70 年代初问世的，由早期的编程语言 BCPL（Basic Combined Programming Language）发展演变而来，并于 1978 年由美国电话电报公司（AT&T）贝尔实验室正式发表。同时由 B. W. Kernighan 和 D. M. Ritchit 合著了著名的 *The C Programming Language* 一书，通常简称为 *K&R*，也被称作 *K&R* 标准。但是，在 *K&R* 中并没有定义一条完整的标准 C 语言，后来由美国国家标准协会（American National Standards Institute，ANSI）在此基础上制定了一个 C 语言标准，于 1983 年发表，通常称之为 ANSI C。

1.2　C 语言的特点

1.2.1　C 语言关键字少，使用方便

C 语言简洁、紧凑，使用方便、灵活，一共只有 32 个关键字（注意：在 C 语言中，关键字都是小写的），见表 1.1。

表 1.1　C 语言的 32 个关键字

auto	break	case	char	const	continue	default
do	double	else	enum	extern	float	for
goto	if	int	long	register	return	short
signed	static	sizeof	struct	switch	typedef	union
unsigned	void	volatile	while			

C 语言有 9 种控制语句，程序书写形式自由，主要用小写字母表示，压缩了一切不必要的成分。

1.2.2 C 语言运算符和数据类型丰富

（1）运算符丰富。C 语言的运算符共有 34 种。C 语言把括号、赋值、逗号等都作为运算符处理，从而使 C 语言的运算类型极为丰富，可以实现其他高级语言难以实现的运算。

（2）数据结构类型丰富。C 语言包括的简单类型有：int、float、double、char 等，复杂类型有：数组、结构体、共用体、枚举、指针等。

1.2.3 C 语言的其他特点

（1）C 语言是模块化程序设计语言，具有结构化的控制语句。

（2）C 语言语法限制不太严格，程序设计自由度大。

（3）C 语言允许直接访问物理地址，能进行位（bit）操作，能实现汇编语言的大部分功能，可以直接对硬件进行操作。因此，有人把 C 语言称为“中级语言”。

（4）C 语言生成目标代码质量高，程序执行效率高。

1.3 简单的 C 语言程序

为了说明 C 语言源程序结构的特点，先看下面的简单程序。该程序表现了 C 语言源程序在组成结构上的特点。可以从这个例子中了解到组成一个 C 语言源程序的基本部分和书写格式。

1.3.1 第一个 C 语言程序

【例 1.1】 在屏幕上输出 Hello,world!

```
# include<stdio.h>
void main()
{
    printf("Hello，world! \n");          /*屏幕输出 hello,world!*/
}
```

程序说明：

（1）程序第一行中的 include 称为文件包含命令，其意义是把尖括号<>或引号""内指定的文件包含到本程序来，成为本程序的一部分。被包含的文件通常是由系统提供的，其扩展名为.h，被称为头文件或首部文件。

C 语言的头文件中包括了各个标准库函数的函数原型。因此，凡是在程序中调用一个库函数时，都必须包含该函数原型所在的头文件。在本例中，使用了一个库函数：printf。printf

是标准输出函数，其头文件为 stdio.h，在主函数前也用 include 命令包含了 stdio.h 文件。

需要说明的是，C 语言规定对 scanf（标准输入）和 printf（标准输出）这两个函数可以省去对其头文件的包含命令。所以在本例中也可以删去第一行的包含命令# include<stdio.h>。

（2）程序第二行中的 main 是函数名，表示这是一个主函数。每一个 C 语言源程序都必须有，且只能有一个主函数。

（3）程序第三行中的“{”表示 main 函数的开始。

（4）程序第四行是函数调用语句，其中，printf 函数的功能是把要输出的内容送到显示器显示。printf 函数是一个由系统定义的标准函数，可在程序中直接调用。用/*和*/括起来的内容为注释部分，程序不会执行注释部分。

（5）第五行“}”表示 main 函数的结束。

1.3.2　C 语言源程序的结构特点

（1）一个 C 语言源程序可以由一个或多个源文件组成。

（2）每个源文件可由一个或多个函数组成。

（3）一个源程序不论由多少个源文件组成，都有且只能有一个 main 函数，即主函数。

（4）源程序中可以有预处理命令（include 命令仅为其中的一种），预处理命令通常应放在源文件或源程序的最前面。

（5）每一个说明、每一个语句都必须以分号结尾。但预处理命令、函数头和花括号“}”之后不能加分号。

（6）标识符、关键字之间需加至少一个空格以示间隔，若已有明显的间隔符，也可不加。

1.3.3　C 语言的书写规则

从书写清晰，便于阅读、理解、维护的角度出发，在书写 C 语言程序时应遵循以下规则：

（1）一个说明或一个语句占一行。

（2）用花括号{}括起来的部分，通常表示程序的某一层次结构。{}一般与该结构语句的第一个字母对齐，并单独占一行。

（3）低一层次的语句或说明可比高一层次的语句或说明缩进若干格后书写。以便看起来更加清晰，增加程序的可读性。

（4）尽可能使用注释，便于阅读程序。

在用 C 语言进行编程时应力求遵循这些规则，以养成良好的编程习惯。

1.3.4　案例解析

【例 1.2】　在屏幕上输出一行星号。

（1）案例分析。

思考构建这个程序应该如何开始，如何结束，需要哪些语句？

（2）操作步骤。

首先必须要有 main 函数，然后需要屏幕输出语句。

（3）程序源代码。

```
# include<stdio.h>
void main()
{
    printf("******************\n");
}
```

（4）程序运行结果（如图 1.1 所示）。

```
"C:\Program Files\Microsoft Visual Studio\Common\MSDev98\Bin\Debug\Text1.exe"
******************
Press any key to continue
```

图 1.1

【例 1.3】 输出一个钻石星形图案，如图 1.2 所示。

```
  *
 ***
*****
 ***
  *
```

图 1.2

（1）案例分析。

思考构建这个程序应该如何开始，如何结束，需要哪些语句？

（2）操作步骤。

首先必须要有 main 函数，然后需要屏幕输出语句。

（3）程序源代码。

```
# include <stdio.h>
void main()
{
    printf("     *\n ***\n *****\n ***\n     *\n");
}
```

（4）程序运行结果如图 1.3 所示。

```
"C:\Documents and Settings\Administrator\Debug\Text1.exe"
  *
 ***
*****
 ***
  *
Press any key to continue
```

图 1.3

1.3.5 案例练习

（1）请输出你的班级、学号、姓名和年龄。

（2）请参照例题，编写一个 C 语言程序，输出以下信息。

```
*********************************
      This  is  my  first  program!
*********************************
```

1.4 Visual C++ 6.0 编译环境

1.4.1 Visual C++ 6.0 简介和启动

Visual C++ 6.0，简称 VC 或者 VC6.0，是微软公司推出的一款 C++编译器，将“高级语言”翻译为“机器语言（低级语言）”的程序。Visual C++是一个功能强大的可视化软件开发工具。自 1993 年微软公司推出 Visual C++ 1.0 后，随着其新版本的不断问世，Visual C++已成为专业程序员进行软件开发的首选工具。

Visual C++ 6.0 以拥有“语法高亮”，自动编译功能以及高级除错功能而著称。它允许用户进行远程调试，单步执行，在调试期间重新编译被修改的代码，而不必重新启动正在调试的程序等。其亦以编译及创建预编译头文件（stdafx.h）、最小重建功能等著称。这些特征明显缩短了程序编辑、编译及连接的时间，在大型软件计划上尤其显著。

1.4.2 如何使用 Visual C++ 6.0 建立一个 C 语言程序

下面，我们来介绍如何用 Visual C++ 6.0 建立一个 C 语言的源程序。首先，在“开始”程序菜单中打开 Visual C++ 6.0 编译环境，如图 1.4 所示。

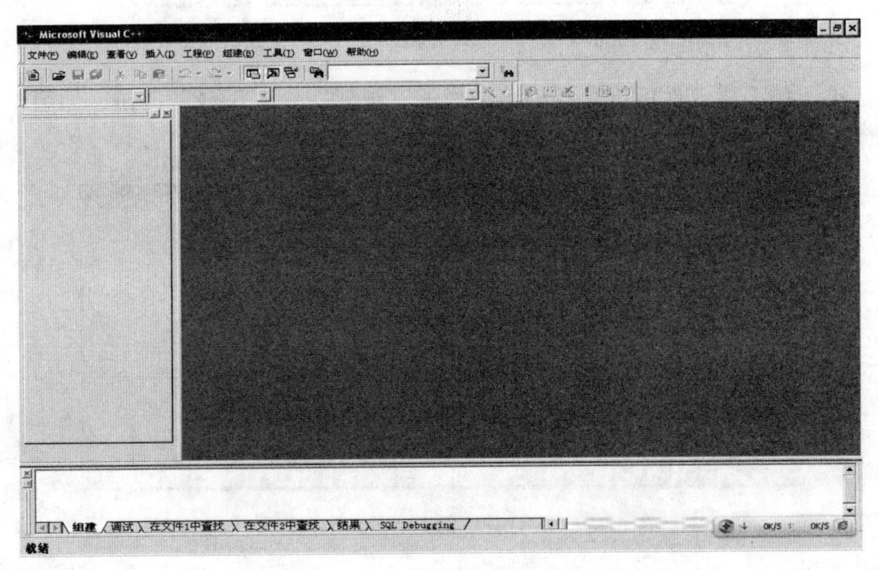

图 1.4

点击“新建文件”按钮，创建新的文档，如图 1.5 所示。

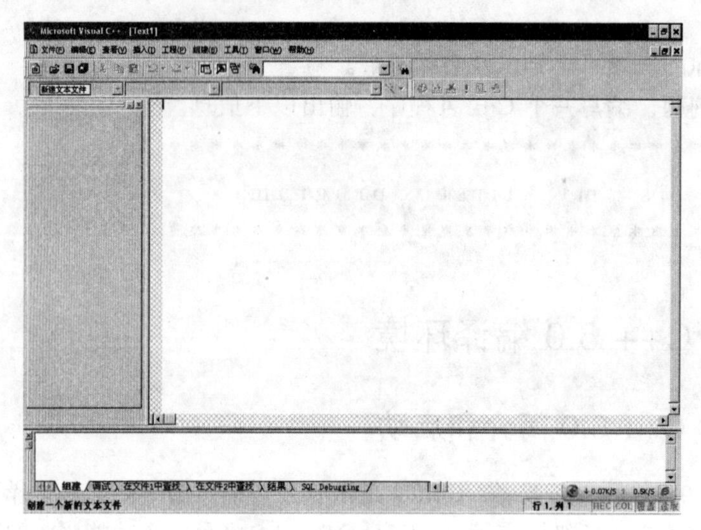

图 1.5

并将新建文档另存为.c 文件，如图 1.6 所示。

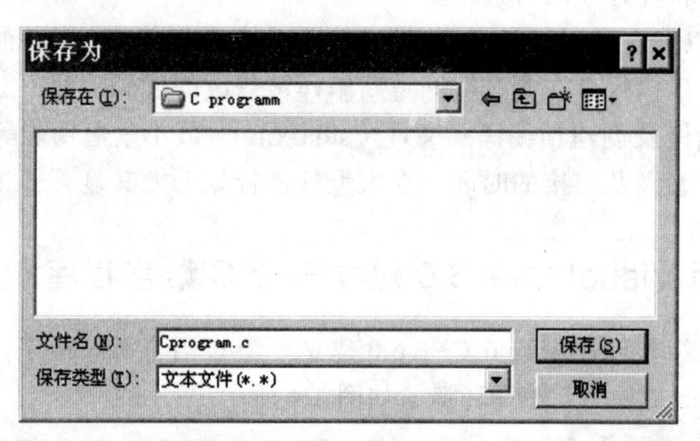

图 1.6

输入 C 语言源程序，然后依次点击菜单栏的“组建”→“编译”按钮，如图 1.4 所示，并在弹出对话框中选择“是”，如图 1.8 所示。

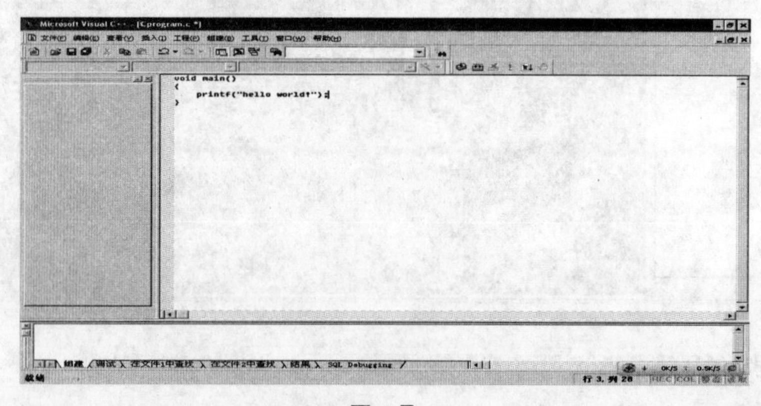

图 1.7

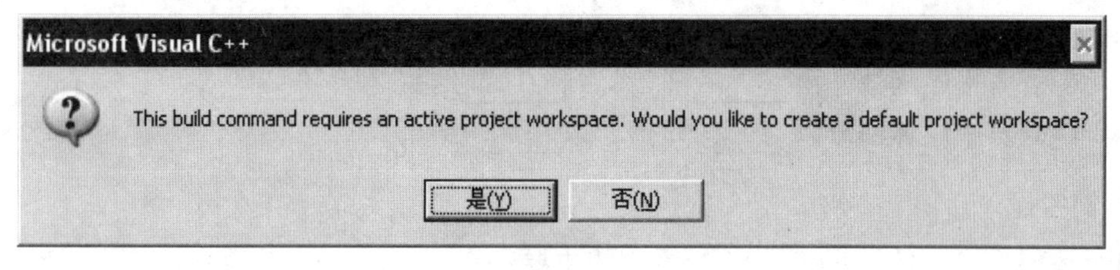

图 1.8

最后，点击“运行”按钮，得到如图 1.9 所示运行界面。

图 1.9

习　题

1. 选择题

（1）以下不正确的概念是（　　）。

A. 一个 C 语言程序由一个或多个函数组成

B. 一个 C 语言程序必须包含一个 main 函数

C. 在 C 语言程序中，至少有一条语句

D. C 语言程序的每一行可以写多条语句

（2）以下关于 C 语言程序的书写格式叙述不正确的是（　　）。

A. 一条语句可以分开写在几行

B. 一行可以写多条语句

C. 分号是语句的一部分

D. 函数的首部必须加分号

（3）在 C 语言程序中（　　）。

A. main 函数必须放在程序的开始位置

B. main 函数可以放在程序的任何位置

C. main 函数必须放在程序的最后

D. main 函数只能出现在库函数之后

2. 填空题

（1）一个 C 语言程序可以由若干个______组成，其中有且并有一个______。

（2）一个函数由两部分组成：一部分是______，另一部分是______。

（3）C 语言程序函数体由______开始，到______结束。

（4）C 语言中注释部分以______开始，以______结束。

3. 简答题

（1）请根据自己的认识，写出 C 语言的主要特点。

（2）请根据自己的认识，写出编写程序应注意哪些书写规范。

第2章　C语言程序设计初步

【学习目标】

☞　掌握C语言中标识符的命名规则，常量与变量的含义；

☞　掌握C语言的基本数据类型（整型、浮点型和字符型）的声明、赋值和使用；

☞　掌握数据输入与输出函数 [printf()，scanf()，putchar()，getchar()] 的使用；

☞　掌握数据类型的自动与强制转换，了解基本数据类型变量在内存中的存放；

☞　掌握C语言常用的运算符及表达式（如算术运算符及表达式，关系运算符及表达式，逻辑运算符及表达式，条件运算符及表达式，自增自减运算符等）；

☞　掌握运算符的优先级及表达式的结合性；

☞　了解C语言程序设计的三种基本结构。

【知识要点】

🕮　标识符的命名规则；

🕮　常量与变量的含义；

🕮　整型、浮点型、字符型常量和变量的声明、赋值、使用与数据的输入输出；

🕮　数据类型的自动与强制转换；

🕮　算术、关系、逻辑、条件运算符与表达式；

🕮　运算符的优先级及表达式的结合性；

🕮　程序设计的三种基本结构。

2.1　整型常量与变量

2.1.1　知识点

C语言中有三种基本数据类型，分别是：整型、浮点型、字符型。每种类型又可以分为常量和变量。

1. 标识符

在程序中使用的变量名、函数名、标号等统称为标识符。除库函数的函数名由系统定义外，其余都由用户自定义。

（1）标识符的命名规则。

①　只能由字母、数字和下划线组成；

② 第一个字符不能是数字；

③ 区分大小写，如：int 与 Int 是两个不同的标识符；

④ 尽量做到见名知义，如：int age=10；

⑤ 不能命名为 C 语言标识符的 32 个关键字（见表 1.1）。

（2）标识符的分类。

① 预定义标识符。包括函数名和预处理命令名。如：printf、scanf、main、sin、include、define 等。

② 用户标识符，即用户自定义的变量名、数组名、函数名等。用户标识符不能使用关键字，但可以使用预定义标识符。如：int printf=0、int weight=68 是正确的，但是 int auto 是错误的。

2. 常量与变量

对于基本数据类型量，按其取值是否可改变，可分为常量和变量两种。在程序执行过程中，值不发生改变的量称为常量，值可变的量称为变量。与数据类型结合起来可分为整型常量、整型变量、浮点常量、浮点变量、字符常量、字符变量、枚举常量、枚举变量等。在程序中，常量是可以不经说明而直接引用的，而变量则必须先定义再使用。

一个变量应该有一个名字，在内存中占据一定的存储单元，变量与内存的关系如图 2.1 所示。变量定义必须放在变量使用之前，一般放在函数体的开头部分。变量名和变量值是两个不同的概念。

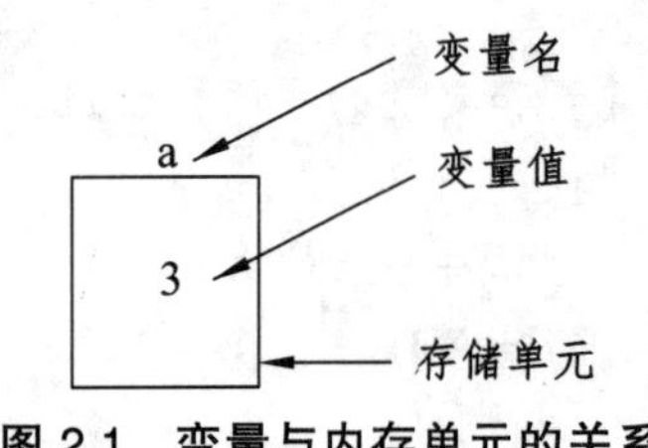

图 2.1 变量与内存单元的关系

3. 整型常量

整型常量就是整常数。在 C 语言中，使用的整常数有八进制、十六进制和十进制三种。

（1）十进制整常数。

十进制整常数没有前缀，其数码为 0 ~ 9。合法的十进制整常数如：237、－568、65535、1627；不合法的十进制整常数如：023（不能有前导 0）、23D（含有非十进制数码 D）。在程序中是根据前缀来区分各种进制数的。

（2）八进制整常数。

八进制整常数必须以 0 开头，即以 0 作为八进制数的前缀，数码取值为 0 ~ 7。八进制数通常是无符号数。合法的八进制数如：015（十进制为 13）、0101（十进制为 65）、0177777（十进制为 65535）；不合法的八进制数如：256（无前缀 0）、03A2（包含了非八进制数码 A）、－0127（出现了负号）。

（3）十六进制整常数。

十六进制整常数的前缀为 0X 或 0x，其数码取值为 0 ~ 9，A ~ F 或 a ~ f。合法的十六进制整常数如：0X2A（十进制为 42）、0XA0（十进制为 160）、0XFFFF（十进制为 65535）；不合法的十六进制整常数如：5A（无前缀 0X）、0X3H（含有非十六进制数码 H）。

如果使用的数超出了范围，就必须用长整型数来表示。长整型数是用后缀 L 或 l 来表示的。

例如：十进制长整常数 158L（十进制为 158）；八进制长整常数 012L（十进制为 10）、077L（十进制为 63）、0200000L（十进制为 65536）；十六进制长整常数 0X15L（十进制为 21）。

无符号数也可用后缀表示，整型常数的无符号数的后缀为 U 或 u。例如：358u、0x38Au、235Lu 均为无符号数。当然，前缀、后缀可同时使用，以表示各种类型的数，如 0XA5Lu 表示十六进制无符号长整数 A5，其十进制为 165。

4. 整型变量

（1）整形数据在内存中的存放形式。

如果定义了一个整型变量 i：

```
int i;
i=22;
```

则 i 在内存中的存放形式如图 2.2 所示。

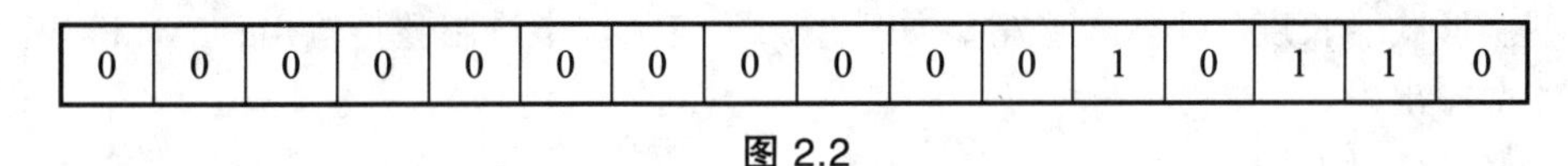

0	0	0	0	0	0	0	0	0	0	0	1	0	1	1	0

图 2.2

（2）整型变量的分类。

根据整数的最高位是否用作符号位，可分为有符号（signed）整型和无符号（unsigned）整型。

根据整数在计算机内存中所占用的空间大小，可分为短整型（short int 或 short）、基本整型（int）和长整型（long int 或 long）。例如：short x=10 等价于 signed short x=10，同时等价于 signed short int x=10；int age=20 等价于 signed int age=20；long z=10000L（加 L 说明 10000 是一个长整型常量，而不是一个基本整型常量）。

注意：① 语言系统默认为有符号整数；② unsigned 和 signed 不能同时出现；③ short 和 long 不能同时出现。

标准 C 中各类整型量所分配的内存字节数及数的表示范围见表 2.1。

表 2.1　标准 C 中各类整型量所分配的内存字节数及数的表示范围

类型说明符	可以表示数据的范围		字节数
int	−32768 ~ 32767	即 -2^{15} ~ $(2^{15}-1)$	2
unsigned int	0 ~ 65535	即 0 ~ $(2^{16}-1)$	2
short int	−32768 ~ 32767	即 -2^{15} ~ $(2^{15}-1)$	2
unsigned short int	0 ~ 65535	即 0 ~ $(2^{16}-1)$	2
long int	−2147483648 ~ 2147483647	即 -2^{31} ~ $(2^{31}-1)$	4

注意：在不同的编译环境中，数据类型的范围有可能不同。

（3）变量定义的一般形式。

变量定义的一般形式有：类型说明符，变量名标识符，变量名标识符等，例如：int age，b，c。在书写变量定义时，应注意以下几点：

① 允许在一个类型说明符后，定义多个相同类型的变量，各变量名之间用逗号间隔。类型说明符与变量名之间至少用一个空格间隔；

② 最后一个变量名之后必须以分号“;”结尾；

③ 变量定义必须放在变量使用之前，一般放在函数体的开头部分。

5. 整型变量的输入与输出

（1）整型变量的输出。

printf 函数是一个标准库函数，它的函数原型在头文件“stdio.h”中。但作为一个特例，允许在使用 printf 函数之前不包含“stdio.h”文件。

printf 函数调用的一般形式为：

printf（“格式控制字符串”，输出表列）;

其中格式控制字符串用于指定输出格式。格式控制字符串可由格式字符串和非格式字符串两种组成。格式字符串是以%开头的字符串，在%后面跟有各种格式字符，以说明输出数据的类型、形式、长度、小数位数等，如：“%d”表示按十进制整型输出；“%ld”表示按十进制长整型输出。

（2）整型变量的输入。

scanf 函数是一个标准库函数，它的函数原型在头文件“stdio.h”中，与 printf 函数相同，C 语言也允许在使用 scanf 函数之前不必包含 stdio.h 文件。

scanf 函数的一般形式为：

scanf（“格式控制字符串”，地址表列）;

其中，格式控制字符串的作用与 printf 函数相同，但不能显示非格式字符串，也就是不能显示提示字符串。地址表列中给出各变量的地址。地址是由地址运算符“&”后跟变量名组成的，例如：&a，&b 分别表示变量 a 和变量 b 的地址。

“scanf（"%d，%ld"，&a，&b）;”表示对整型数据 a 和长整型数据 b 的输入。

2.1.2 案例解析

【例 2.1】 整数变量的输入输出

```
void main()
{
    int a,b,c;
    printf("input a,b,c\n");                /*在屏幕上给出提示信息*/
    scanf("%d%d%d",&a,&b,&c);               /*要求输入三个整数，分别赋值给三个变量*/
    printf("a=%d,b=%d,c=%d",a,b,c);         /*将输入的三个整数的值打印出来*/
}
```

程序运行结果如图 2.3 所示。

```
"C:\Documents and Settings\Administrator\Debug\Text1.exe"
input a,b,c
1 2 3
a=1,b=2,c=3Press any key to continue
```

图 2.3

【例 2.2】 定义两个整型数据 a 和 b，输入 a、b 的值，并将 a、b 中的值交换后输出。

（1）案例分析。

根据给出的案例，进行分析：① 确定需要几个常量与变量；② 对定义的变量进行输入；③ 使用什么方法交换 a、b 的值。

（2）操作步骤。

根据题目得到程序如图 2.4 所示。

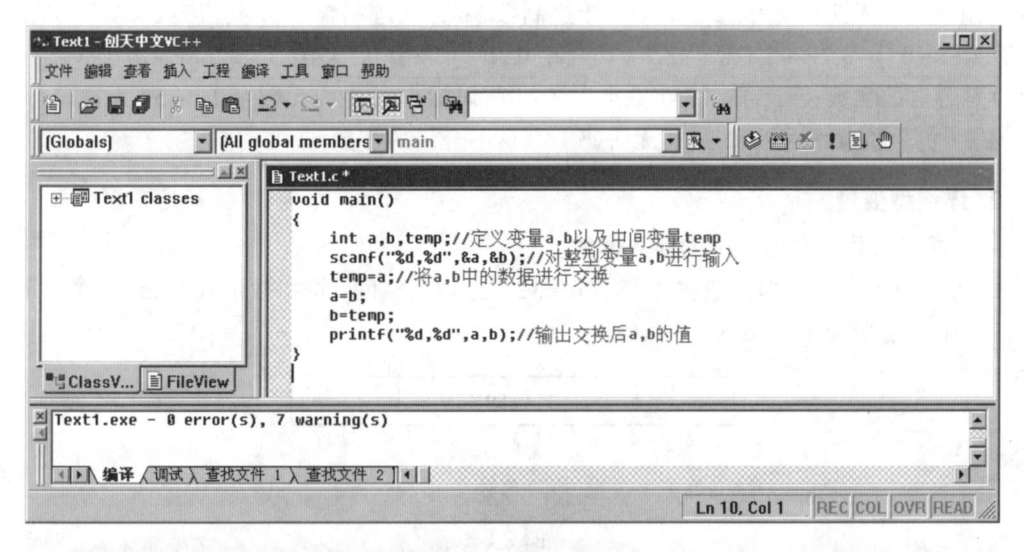

图 2.4

（3）思考。

如果不用中间变量 temp，如何实现整型数据的交换？

2.1.3 案例练习

根据给出的教学案例，实现 3 个整型数据 a、b、c 中的值的交换（将 a 的数据放入 b 中，b 的数据放入 c 中，c 的数据放入 a 中）。

2.2 浮点型常量与变量

2.2.1 知识点

1. 浮点型常量

浮点型也称为实型。浮点型常量也称为浮点数或者实数。浮点型常数不分单、双精度，都按双精度（double）型处理。在 C 语言中，浮点数只采用十进制，它有两种表示形式：十进制小数形式和指数形式。

（1）十进制小数形式。它由数码 0 ~ 9 和小数点组成。如 0.0、25.0、5.789、0.13、5.0、300.、－267.8230 等均为合法的实数（注意必须有小数点）。

（2）指数形式。它由十进制数，加阶码标志 E（或 e）以及阶码（只能为整数，可以带符号）组成。其一般形式为：a E n（a 为十进制数，n 为十进制整数），其值为 $a \times 10^n$。如 2.1E5（等于 2.1×10^5），3.7E－2（等于 3.7×10^{-2}），0.5E7（等于 0.5×10^7），－2.8E－2（等于 -2.8×10^{-2}）是合法的实数；而 345（无小数点），E7（阶码标志 E 之前无数字），－5（无阶码标志），53.－E3（负号位置不对），2.7E（无阶码）都是不合法的实数。

2. 浮点型变量

（1）浮点型数据在内存中的存放形式。

标准 C 中浮点型数据一般占 4 个字节（32 位）内存空间，按指数形式存储。实数 3.14159 在内存中的存放形式如图 2.5 所示。

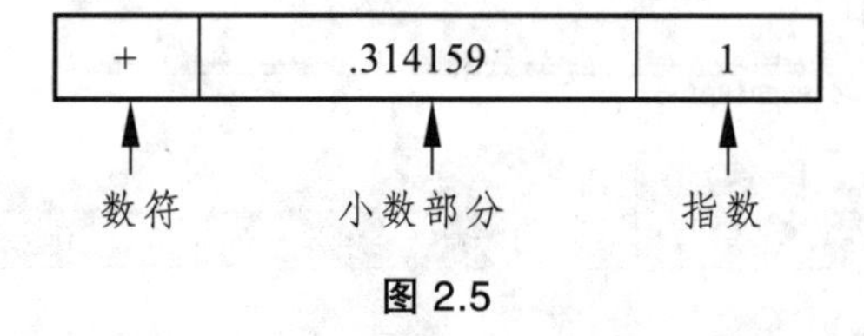

图 2.5

小数部分占的位（bit）数愈多，数的有效数字愈多，精度也就愈高。指数部分占的位数愈多，则能表示的数值范围愈大。

（2）浮点型变量的分类。

浮点型变量分为：单精度（float 型）、双精度（double 型）和长双精度（long double 型）3 类。

在 VC 中单精度型占 4 个字节（32 位）内存空间，其数值范围为 3.4E－38 ~ 3.4E+38，只能提供 7 位有效数字。双精度型占 8 个字节（64 位）内存空间，其数值范围为 1.7E－308 ~ 1.7E+308，可提供 16 位有效数字。各浮点型数据的范围见表 2.2。

表 2.2 浮点型数据的范围

类型说明符	比特数（字节数）	有效数字	数的范围
float	32（4）	6 ~ 7	$10^{-37} \sim 10^{38}$
double	64（8）	15 ~ 16	$10^{-307} \sim 10^{308}$
long double	128（16）	18 ~ 19	$10^{-4931} \sim 10^{4932}$

浮点型变量定义的格式和书写规则与整型相同。例如：

float x，y;（x，y 为单精度浮点型量）

double a，b，c;（a，b，c 为双精度浮点型量）

（3）浮点型数据的舍入误差。

由于浮点型变量是由有限的存储单元组成的，因此能提供的有效数字总是有限的，浮点型数据的舍入误差见【例 2.3】。

3. 浮点型变量的输入与输出

浮点型变量的输入、输出与整形变量的输入、输出是类似的，用函数 printf 和格式字符串%f 来输出，用函数 scanf 和格式字符串%f 来输入，见【例 2.4】。

2.2.2 案例解析

【例 2.3】 浮点型数据的舍入误差。

```
void main()
{
    float a,b,c;
    double d;
    a=123456.789e5;
    b=a+20;
    printf("%f\n",a);
    printf("%f\n",b);
    c=1/3;
    d=1/3;
    printf("%f\n",c);
    printf("%f\n",d);
}
```

输出结果如图 2.6 所示，注意观察输出结果，并回答为什么。

```
"C:\Documents and Settings\Administrator\Debug\Text1.exe"
12345678848.000000
12345678848.000000
0.000000
0.000000
Press any key to continue
```

图 2.6

【例 2.4】 浮点型数据的输入。

```
void main()
{
```

```
    float a;
    scanf("%f",&a);
    printf("your input is %f\n",a);
}
```

输入后显示结果如图 2.7 所示。

```
"C:\Documents and Settings\Administrator\Debug\Text1.exe"
1.2
you input is 1.200000
Press any key to continue_
```

图 2.7

【例 2.5】 已知一个圆的半径是 6.5 cm，求圆的周长和圆的面积（数值精确到小数点后面 5 位），如果圆的半径是 9.7 cm 呢？

（1）案例分析。

圆的周长公式为 $L=2\pi r$。在该公式中有 3 个量，分别是 L、π、r。很明显π并不是一个变化的量，而是一个常数，通常取 3.141 59。圆的面积公式为 $S=\pi r^2$，该公式中除去π后，有两个变量 S、r。那么，我们可以这样设计：一个常量π，用 PI 表示，三个变量 r、L、S。

（2）操作步骤。

```
void main()
{
    const float PI=3.14159;        /*定义一个常量 PI*/
    float r,L,S;
    r=6.5;
    L=2*PI*r;
    S=PI*r*r;
    printf("circle   L=%f   cm\n",L);
    printf("circle   S=%f   cm2\n",S);
}
```

程序运行结果如图 2.8 所示。

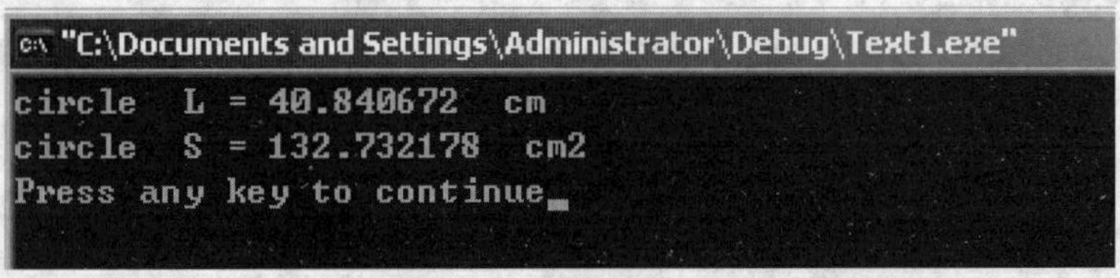

```
"C:\Documents and Settings\Administrator\Debug\Text1.exe"
circle   L = 40.840672   cm
circle   S = 132.732178   cm2
Press any key to continue_
```

图 2.8

2.2.3 案例练习

（1）已知一个矩形的长是 3.4 cm，宽是 6.7 cm，求该矩形的周长和面积。

（2）已知一个立方体的长是 13.1 cm，宽是 8.7 cm，高是 6.3 cm，求该立方体的体积和表面积。

2.3 字符型常量与变量

2.3.1 知识点

1. 字符型常量

字符常量是用单引号括起来的一个字符。如'a'、'b'、'='、'+'、'?'等都是合法的字符常量。在 C 语言中，字符常量有以下几个特点：

（1）字符常量只能用单引号括起来，不能用双引号或其他括号；

（2）字符常量只能是单个字符，不能是字符串；

（3）字符可以是字符集中任意字符；

（4）如'5'和 5 是不同的，'5'是字符常量，5 是整型常量。

2. 特殊字符常量：转义字符

转义字符是一种特殊的字符常量。转义字符以反斜线“\”开头，后面跟一个或几个字符。转义字符具有特定的含义，不同于字符原有的意义，故称“转义”字符。例如，在前面各例题中，printf 函数的格式串用到的“\n”就是一个转义字符，其意义是“换行”。转义字符主要用来表示那些用一般字符不便于表示的控制代码，见表 2.3。

表 2.3　常用的转义字符及其含义

转义字符	转义字符的意义	ASCII 代码
\n	换行	10
\t	横向跳到下一制表位置	9
\b	退格	8
\r	回车	13
\f	走纸换页	12
\\	反斜线符“\”	92
\'	单引号符	39
\"	双引号符	34
\a	鸣铃	7
\ddd	1～3 位八进制数所代表的字符	
\xhh	1～2 位十六进制数所代表的字符	

广义地讲，C 语言字符集中的任何一个字符均可用转义字符来表示。表中的\ddd 和\xhh 正是为此而提出的。ddd 和 hh 分别为八进制和十六进制的 ASCII 代码。如\101 表示字母“A”，\102 表示字母“B”，\134 表示反斜线，\XOA 表示换行等。具体应用见【例 2.6】。

3. 字符型变量

字符变量用来存储字符常量，即它只能放单个字符。字符型数据类型见表 2.4。

表 2.4　字符型数据类型

类型	所占字节数	说明	数据的取值范围	举例
char	1	存放单个字符	0～255	char c1，c2

字符变量的类型说明符是 char。字符变量类型定义的格式和书写规则都与整型变量相同。例如：

```
char a,b;
a='y';
b='Z';
```

在 0～255 范围内，字符类型和整数类型可以互换使用。

4. 字符型数据在内存中的存放形式

字符型数据包括字符常量和字符变量。每个字符变量只被分配一个字节的内存空间，因此每个字符变量只能存放一个字符。字符值是以 ASCII 码的形式存放在变量的内存单元中的。

如 x 的十进制 ASCII 码是 120，y 的十进制 ASCII 码是 121。对字符变量 a、b 赋以'x'和'y'值：

```
char a='x',b='y';
```

实际上是在 a、b 两个单元内存放 120 和 121 的二进制代码，如图 2.9 所示。

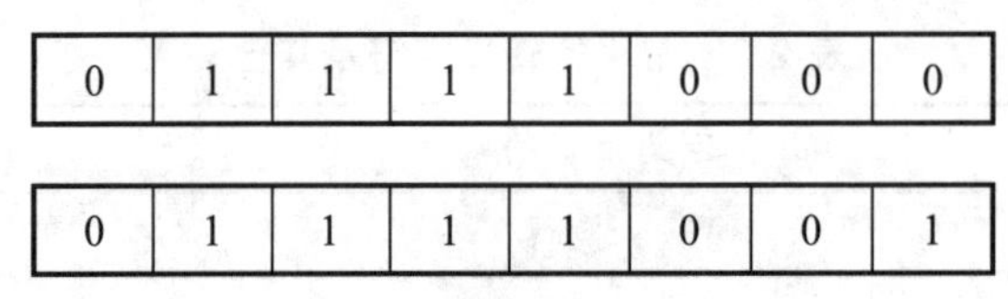

图 2.9

所以也可以把它们看成是整型量。C 语言允许对整型变量赋以字符值，也允许对字符变量赋以整型值。在输出时，允许把字符变量按整型量输出，也允许把整型量按字符量输出。

整型量为 2 字节量，字符量为单字节量，当整型量按字符型量处理时，只有低 8 位字节参与处理。

5. 字符型的输入与输出

字符型变量的输入、输出与整型变量的输入、输出是类似的，用函数 printf 和格式字符串%c 来输出单个字符，用函数 scanf 和格式字符串%c 来接收单个字符输入。

输出代码如：

```
char d='X';
printf("%c",d);
```

输入代码如：

```
char c;
```

```
scanf("%c",&c);
```

也可用函数 putchar 输出单个字符，用函数 getchar 接收单个字符输入。使用本函数前必须要用文件包含命令# include<stdio.h>或 # include "stdio.h"。

2.3.2 案例解析

【例 2.6】 转义字符的运用。

```
void main()
{
    int a,b,c;
    a=5; b=6; c=7;
    printf("ab    c\tde\rf\n");
    printf("hijk\tL\bM\n");
}
```

程序运行结果如图 2.10 所示。

```
"C:\Documents and Settings\Administrator\Debug\Text1.exe"
f ab  c de
hijk    M
Press any key to continue
```

图 2.10

【例 2.7】 将字符变量赋以整数（字符型、整型数据通用）。

```
main()                    /* 字符'a'的各种表达方法 */
{
    char c1='a';
    char c2='\x61';       /* note:'\x..','\...' */
    char c3='\141';
    char c4=97;
    char c5=0x61;         /* note: 0x..,0... */
    char c6=0141;
    printf("\nc1=%c,c2=%c,c3=%c,c4=%c,c5=%c,c6=%c\n",c1,c2,c3,c4,c5,c6);
    printf("c1=%d,c2=%d,c3=%d,c4=%d,c5=%d,c6=%d\n",c1,c2,c3,c4,c5,c6);
}
```

程序运行结果如图 2.11 所示。

```
c1=a,c2=a,c3=a,c4=a,c5=a,c6=a
c1=97,c2=97,c3=97,c4=97,c5=97,c6=97
Press any key to continue
```

图 2.11

过程：整型数=>机内表示（两个字节）=>取低 8 位赋值给字符变量。

【例 2.8】 输出单个字符。

```
#include<stdio.h>
void main()
{
    char a='B',b='o',c='k';
    putchar(a);putchar(b);putchar(c);
    putchar('\t');
    putchar(a);putchar(b);
    putchar('\n');
    putchar(b);putchar(c);
}
```

程序运行结果如图 2.12 所示。

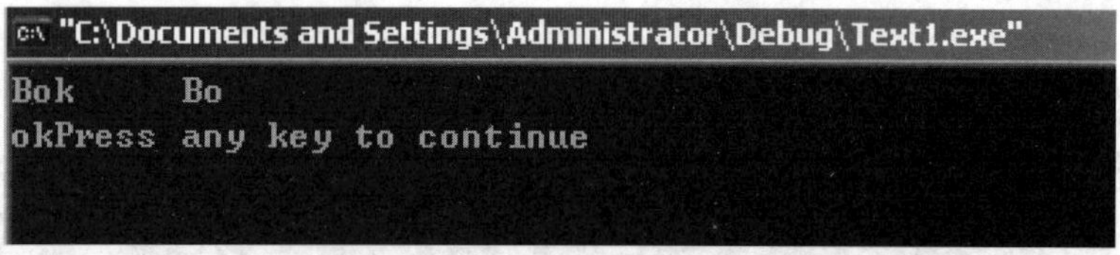

```
"C:\Documents and Settings\Administrator\Debug\Text1.exe"
Bok     Bo
okPress any key to continue
```

图 2.12

【例 2.9】 输入单个字符。

```
# include<stdio.h>
void main()
{
    char c;
    printf("input a character\n");
    c=getchar();
    putchar(c);
}
```

程序运行结果如图 2.13 所示。

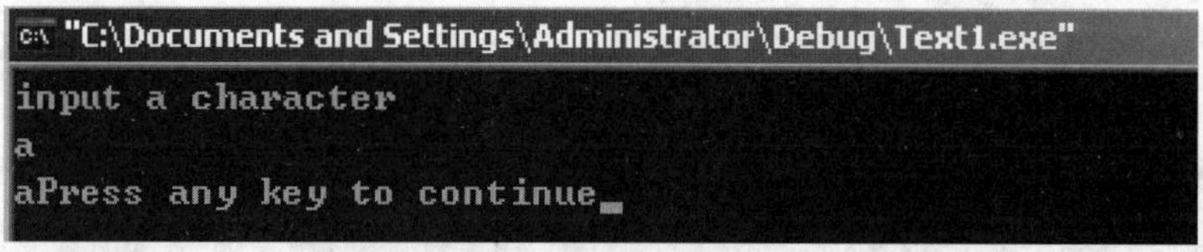

```
"C:\Documents and Settings\Administrator\Debug\Text1.exe"
input a character
a
aPress any key to continue
```

图 2.13

使用 getchar 函数还应注意几个问题：

（1）getchar 函数只能接受单个字符，输入数字也按字符处理。输入多于一个字符时，只接收第一个字符。

（2）使用本函数前必须包含文件“stdio.h”。

（3）程序最后两行可用下面两行的任意一行代替：

```
putchar(getchar());
printf("%c",getchar());
```

【例 2.10】 有两个字符变量 a、b，对 a 赋值一个整数 120，对 b 赋值一个字符 q，然后对 a 的值加 1，对 b 的值减 32，分别输出 a、b 所表示的字符。

（1）案例分析。

本程序中定义 a、b 为字符型，但在赋值语句中赋以整型值。从结果看，a、b 值的输出形式取决于 printf 函数格式串中的格式符，当格式符为“c”时，对应输出的变量值为字符，当格式符为“d”时，对应输出的变量值为整数。C 语言允许字符变量参与数值运算，即用字符的 ASCII 码参与运算。由于大小写字母的 ASCII 码相差 32，因此，字符变量 b 运算结果是小写字母变成了大写字母，然后分别以整型和字符型输出。

（2）操作步骤。

```
void main()
{
    char a,b;
    a=120;  b='q';
    printf("%c,%c\n",a,b);
    printf("%d,%d\n",a,b);
    a=a+1;b=b – 32;
    printf("%c,%c\n",a,b);
}
```

2.3.3 案例练习

实现输入大写字母，输出小写字母；输入小写字母，输出大写字母。

2.4 变量赋初值及各数据类型间的混合运算

2.4.1 知识点

1. 变量赋初值

在程序中常常需要对一些变量赋初值，以便使用。C 语言程序中可有多种方法为变量提供初值，这些方法称为初始化。在变量定义中赋初值的一般形式为：

类型说明符 变量 1=值 1，变量 2=值 2，……；

例如：

```
int a=3；
int b,c=5;
float x=3.2, y=3f, z=0.75;
char ch1='K', ch2='P';
```

注意，在定义中不允许连续赋值，如 a=b=c=5 是不合法的。

2. 不同数据类型的混合运算

变量的数据类型是可以转换的。转换的方法有两种，一种是自动转换，一种是强制转换。其中，自动转换发生在不同数据类型的量混合运算时，由编译系统自动完成。

（1）数据类型自动转换。

自动转换的规则如图 2.14 所示，并遵循以下几点：

① 若参与运算量的类型不同，则先转换成同一类型，再进行运算；

② 转换按数据长度增加的方向进行，以保证精度不降低。如 int 型和 long 型运算时，先把 int 型转换成 long 型后再进行运算；

③ 所有的浮点运算都是以双精度进行的，即使仅含 float 单精度量运算的表达式，也要先转换成 double 型，再作运算；

④ char 型和 short 型参与运算时，必须先转换成 int 型；

⑤ 在赋值运算中，赋值号两边量的数据类型不同时，赋值号右边量的类型将转换为左边量的类型。如果右边量的数据类型长度较左边长时，将丢失一部分数据，这样会降低精度，丢失的部分按四舍五入向前舍入。

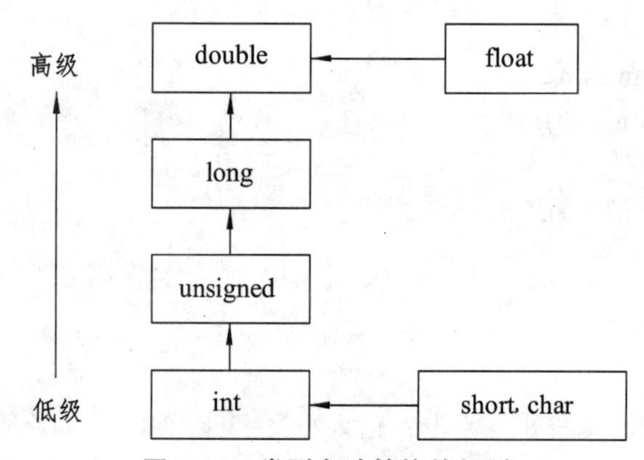

图 2.14　类型自动转换的规则

（2）强制数据类型转换。

强制类型转换是通过类型转换运算来实现的。其一般形式为：

（类型说明符）（表达式）

其功能是把表达式的运算结果强制转换成类型说明符所表示的类型。例如：

(float)a　　　　（把 a 转换为实型）

(int)(x+y)　　　（把 x+y 的结果转换为整型）

在使用强制转换时应注意：类型说明符和表达式都必须加括号（单个变量可以不加括号），如果把(int)(x+y)写成(int)x+y 则成了把 x 转换成 int 型之后再与 y 相加。

2.4.2　案例解析

【例 2.11】

```
void main()
```

```
{
    int a=3,b,c=5;
    b=a+c;
    printf("a=%d,b=%d,c=%d\n",a,b,c);
}
```

【例 2.12】

```
void main()
{
    float PI=3.14159;
    int s,r=5;
    s=PI*r*r;
    printf("s=%d\n",s);
}
```

本例程序中，PI 为实型，s、r 为整型。在执行 s=PI*r*r 语句时，r 和 PI 都转换成 double 型计算，结果也为 double 型。但由于 s 为整型，故赋值结果仍为整型，舍去了小数部分。

【例 2.13】

```
void main()
{
    float f=5.75;
    printf("(int)f=%d,f=%f\n",(int)f,f);
}
```

本例表明，f 虽强制转为 int 型，但只在运算中起作用，是临时的，而 f 本身的类型并不改变。因此，(int)f 的值为 5（删去了小数部分）而 f 的值仍为 5.75。

2.5 算数运算符和算数表达式

2.5.1 知识点

1. C 语言运算符和表达式介绍

C 语言具有丰富的运算符和表达式，使得 C 语言功能十分完善，这是 C 语言的主要特点之一。

C 语言的运算符具有不同的优先级，并且具有结合性。在表达式中，各运算量参与运算的先后顺序不仅要遵守运算符优先级别的规定，还要受运算符结合性的制约，以便确定是自左向右进行运算还是自右向左进行运算。

C 语言的运算符可分为以下几类：

（1）算术运算符：用于各类数值运算。包括加（+）、减（－）、乘（*）、除（/）、求余（或称模运算，%）、自增（++）、自减（--）等 7 种。

（2）关系运算符：用于比较运算。包括大于（>）、小于（<）、等于（==）、大于等于（>=）、小于等于（<=）和不等于（!=）等6种。

（3）逻辑运算符：用于逻辑运算。包括与（&&）、或（||）和非（!）3种。

（4）位操作运算符：参与运算的量，按二进制位进行运算。包括位与（&）、位或（|）、位非（~）、位异或（^）、左移（<<）、右移（>>）等6种。

（5）赋值运算符：用于赋值运算。包括简单赋值（=）、复合算术赋值（+=，－=，*=，/=，%=）和复合位运算赋值（&=，|=，^=，>>=，<<=）3类共包括11种。

（6）条件运算符（?:）：这是一个三目运算符，用于条件求值。

（7）逗号运算符（,）：用于把若干表达式组合成一个表达式。

（8）指针运算符：用于取内容（*）和取地址（&）两种运算。

（9）求字节数运算符（sizeof）：用于计算数据类型所占的字节数。

（10）特殊运算符：有括号()、下标[]、成员（→，.）等几种。

2. 算数运算符和算数表达式

（1）基本的算术运算符。

① 加法运算符“+”：加法运算符为双目运算符，即应有两个量参与加法运算。如a+b、4+8等。其具有右结合性。

② 减法运算符“－”：减法运算符为双目运算符。但“－”也可作负值运算符，此时为单目运算，如－x、－5等具有左结合性。

③ 乘法运算符“*”：乘法运算符双目运算符，具有左结合性。

④ 除法运算符“/”：除法运算符为双目运算，具有左结合性。参与运算量均为整型时，结果也为整型，舍去小数部分。如果运算量中有一个是实型，则结果为双精度实型。

⑤ 求余运算符（模运算符）“%”：求余运算符为双目运算符，具有左结合性。要求参与运算的量均为整型。求余运算的结果等于两数相除后的余数。

（2）算数表达式。

表达式是由常量、变量、函数和运算符组合起来的式子。一个表达式有一个值及其类型，它们等于计算表达式所得结果的值和类型。表达式求值按运算符的优先级和结合性规定的顺序进行。单个的常量、变量、函数可以看作是表达式的特例。

算术表达式是用算术运算符和括号将运算对象（也称操作数）连接起来的，符合C语法规则的式子。例如：

```
a+b
(a*2)/c
(x+r)*8 - (a+b)/7
++I
sin(x)+sin(y)
(++i) - (j++)+(k --)
```

3. 优先级别与结合性

（1）运算符的优先级。

C语言中，运算符的运算优先级共分为15级。1级最高，15级最低。在表达式中，优先级较高的先于优先级较低的进行运算。而在一个运算量两侧的运算符优先级相同时，则按运算符的结合性所规定的结合方向处理。

（2）运算符的结合性。

C 语言中各运算符的结合性分为两种，即左结合性（自左至右）和右结合性（自右至左）。例如，算术运算符的结合性是自左至右，即先左后右，如表达式 x－y+z 中 y 应先与“－”号结合，执行 x－y 运算，然后再执行+z 的运算。这种自左至右的结合方向就称为“左结合性”。而自右至左的结合方向称为“右结合性”。最典型的右结合性运算符是赋值运算符。如 x=y=z，由于“=”的右结合性，应先执行 y=z 再执行 x=（y=z）运算。C 语言运算符中有不少为右结合性，应注意区别，以避免理解错误。

4. 自增、自减运算符

自增 1 运算符记为“++”，其功能是使变量的值自增 1。

自减 1 运算符记为“－－”，其功能是使变量的值自减 1。

自增 1、自减 1 运算符均为单目运算，都具有右结合性。可有以下几种形式：

++i　　　（i 自增 1 后再参与其他运算）

－－i　　　（i 自减 1 后再参与其他运算）

i++　　　（i 参与运算后，i 的值再自增 1）

i－－　　　（i 参与运算后，i 的值再自减 1）

在理解和使用上容易出错的是 i++和 i－－。特别是当它们出现在较复杂的表达式或语句中时，常常难于弄清，因此应仔细分析。

2.5.2　案例分析

【例 2.14】

```
void main()
{
    printf("\n\n%d,%d\n",20/7, – 20/7);
    printf("%f,%f\n",20.0/7, – 20.0/7);
    printf("%d\n",100%3);
}
```

本例中，20/7 和－20/7 的结果均为整型，小数部分全部舍去；而 20.0/7 和－20.0/7 由于有实数参与运算，因此结果也为浮点型；100 除以 3 所得的余数 1。

【例 2.15】　使用浮点数实现输入两个数，再输出这两个数的和、差、积、商。

（1）案例分析。

① 需要定义的变量有几个？定义什么数据类型？

② 需要输入的数据有哪些？

③ 可以进行哪些算数运算？

④ 输出的时候应该注意些什么问题？

（2）操作步骤。

```
void main()
{
```

```
    float a,b;
    scanf("%f%f",&a,&b);
    printf("和=%f",a+b);
    printf("差=%f",a-b);
    printf("积=%f",a*b);
    printf("商=%f",a/b);
}
```

（3）程序运行结果如图 2.15 所示。

```
"C:\Documents and Settings\Administrator\Debug\Text1.exe"
1
2
和=3.000000差=-1.000000积=2.000000商=0.500000Press any key to continue_
```

图 2.15

（4）思考。

有什么办法将该程序改得更好？如果第二个操作数是 0 怎么办？

2.6 其他运算符与表达式

2.6.1 赋值运算符与赋值表达式

1. 简单赋值运算符和表达式

简单赋值运算符记为“=”。由“=”连接的式子称为赋值表达式。其一般形式为：

变量=表达式

例如：

```
x=a+b
w=sin(a)+sin(b)
y=i+++ -- j
```

赋值表达式的功能是计算表达式的值再赋予左边的变量。赋值运算符具有右结合性，因此，a=b=c=5 可理解为 a=（b=（c=5））。

在其他高级语言中，赋值构成了一个语句，称为赋值语句。而在 C 语言中，把“=”定义为运算符，从而组成赋值表达式。凡是表达式可以出现的地方均可出现赋值表达式。

例如，式子 x=（a=5）+（b=8）是合法的。它的意义是把 5 赋予 a，8 赋予 b，再把 a、b 相加，和赋予 x，故 x 应等于 13。

在 C 语言中也可以组成赋值语句，按照 C 语言规定，任何表达式在其末尾加上分号就构成为语句。因此如“x=8;”“a=b=c=5;”都是赋值语句。

2. 复合的赋值运算符

在赋值符“=”之前加上其他双目运算符可构成复合赋值符。如+=、-=、*=、/=、%=、<<=、>>=、&=、^=、|=。

构成复合赋值表达式的一般形式为：

  变量 双目运算符=表达式

它等效于

  变量=变量 运算符 表达式

例如：

  a+=5   等价于 a=a+5
  x*=y+7   等价于 x=x*(y+7)
  r%=p   等价于 r=r%p

初学者可能对于复合赋值符这种写法不习惯，但复合赋值符十分有利于编译处理，能提高编译效率并产生质量较高的目标代码。

2.6.2 逗号运算符与逗号表达式

在 C 语言中逗号“,”也是一种运算符，称为逗号运算符。其功能是把两个表达式连接起来组成一个表达式，称为逗号表达式。其一般形式为：

  表达式 1，表达式 2

其求值过程是分别求两个表达式的值，并以表达式 2 的值作为整个逗号表达式的值。

对于逗号表达式需要说明的是：

① 逗号表达式一般形式中的表达式 1 和表达式 2 自身也可以是逗号表达式。例如：

  表达式 1,（表达式 2，表达式 3）

形成了嵌套情形。因此可以把逗号表达式扩展为以下形式：

  表达式 1，表达式 2，…表达式 n

整个逗号表达式的值等于表达式 n 的值。

② 程序中使用逗号表达式，通常是要分别求逗号表达式内各表达式的值，并不一定要求整个逗号表达式的值。

③ 并不是在所有出现逗号的地方都组成逗号表达式，如在变量说明中，函数参数表中逗号只是用作各变量之间的间隔符。

2.6.3 关系运算符与关系表达式

在程序中经常需要比较两个量的大小关系，以决定程序下一步的工作。比较两个量的运算符称为关系运算符。在 C 语言中有以下 6 种关系运算符：

  <   小于
  <=   小于或等于
  >   大于
  >=   大于或等于

== 等于

!= 不等于

关系运算符都是双目运算符，其结合性均为左结合。关系运算符的优先级低于算术运算符，高于赋值运算符。在 6 个关系运算符中，<、<=、>、>=的优先级相同，高于==和!=，==和!=的优先级相同。

关系表达式的一般形式为：

<表达式><关系运算符><表达式>

例如：a+b>c－d，x>3/2，'a'+1<c，－i－5*j==k+1 都是合法的关系表达式。由于表达式也可以是关系表达式，因此也允许出现嵌套的情况，如 a>（b>c），a!=（c==d）等。关系表达式的值是“真”或“假”，用“1”或“0”表示。如 5>0 的值为“真”，即为 1；而对于（a=3）>（b=5），由于 3>5 不成立，故其值为“假”，即为 0。

2.6.4 逻辑运算符与逻辑表达式

1. 逻辑运算符

C 语言中提供了 3 种逻辑运算符：

&& 与运算

|| 或运算

! 非运算

与运算符“&&”和或运算符“||”均为双目运算符，具有左结合性；非运算符“!”为单目运算符，具有右结合性。逻辑运算符和其他运算符优先级的关系可表示如下：

!（非） ↑

算术运算符

关系运算符

&&和 ||

赋值运算符

!（非）→&&（与）→||（或）

“&&”和“||”低于关系运算符，“!”高于算术运算符。

按照运算符的优先顺序可以得出：

a>b && c>d 等价于(a>b)&&(c>d)

!b==c||d<a 等价于((!b)==c)||(d<a)

a+b>c&&x+y<b 等价于((a+b)>c)&&((x+y)<b)

逻辑运算的值也分为“真”和“假”两种，分别用“1”和“0”来表示。其求值规则如下：

（1）与运算“&&”：参与运算的两个量都为真时，结果才为真，否则为假。例如 5>0 && 4>2，由于 5>0 为真，4>2 也为真，相与的结果也为真。

（2）或运算“||”：参与运算的两个量只要有一个为真，结果就为真；两个量都为假时，结果为假。例如 5>0||5>8，由于 5>0 为真，相或的结果也就为真。

（3）非运算“!”：参与运算量为真时，结果为假；参与运算量为假时，结果为真。例如!（5>0）的结果为假。

逻辑运算符的运算规则见表 2.5。

表 2.5　逻辑运算符的运算规则

a	b	!a	!b	a&&b	a||b
真	真	假	假	真	真
真	假	假	真	假	真
假	真	真	假	假	真
假	假	真	真	假	假
小结		真变假，假变真		全真为真	全假为假

虽然 C 编译在给出逻辑运算值时，以“1”代表“真”，“0 ”代表“假”，但反过来在判断一个量是“真”还是“假”时，以“0”代表“假”，以非“0”的数值作为“真”。例如：由于 5 和 3 均为非“0”，因此，5&&3 的值为“真”，即为 1。5||0 的值为“真”，即为 1。

2. 逻辑表达式

逻辑表达式的一般形式为：

<表达式><逻辑运算符><表达式>

其中的表达式可以是逻辑表达式，从而组成了嵌套的情形。例如：（a&&b）&&c 根据逻辑运算符的左结合性，可写为 a&&b&&c。逻辑表达式的值是式中各种逻辑运算的最后值，以“1”和“0”分别代表“真”和“假”。

2.6.5　条件运算符与条件表达式

条件运算符为“?”和“:”，它是一个三目运算符，即有三个参与运算的量。由条件运算符组成条件表达式的一般形式为：

表达式 1? 表达式 2：表达式 3

其求值规则为：如果表达式 1 的值为真，则以表达式 2 的值作为条件表达式的值，否则以表达式 3 的值作为整个条件表达式的值。条件表达式通常用于赋值语句之中。

求 a、b 两数中的较大值，可用条件表达式写为 max=(a>b)?a:b。执行该语句的语义是：如果 a>b 为真，则把 a 赋给 max，否则把 b 赋给 max。

使用条件表达式时，还应注意以下几点：

（1）条件运算符的运算优先级低于关系运算符和算术运算符，但高于赋值符。因此，max=(a>b)?a:b 可以去掉括号而写为 max=a>b?a:b。

（2）条件运算符“?”和“:”是一对运算符，不能分开单独使用。

（3）条件运算符的结合方向是自右至左。例如：a>b?a:c>d?c:d 应理解为 a>b?a:(c>d?c:d)，这也就是条件表达式嵌套的情形，即其中的表达式 3 又是一个条件表达式。

2.6.6 案例分析

【例 2.16】

```c
void main()
{
    int a=2,b=4,c=6,x,y;
    y=(x=a+b),(b+c);
    printf("y=%d,x=%d",y,x);
}
```

案例分析：

在本例中，y 等于整个逗号表达式的值，也就是表达式 2 的值，x 等于第一个表达式的值。

【例 2.17】

```c
void main()
{
    char c='k';
    int i=1,j=2,k=3;
    float x=3e+5,y=0.85;
    printf("%d,%d\n",'a'+5<c, - i - 2*j>=k+1);
    printf("%d,%d\n",1<j<5,x - 5.25<=x+y);
    printf("%d,%d\n",i+j+k== - 2*j,k==j==i+5);
}
```

程序运行结果如图 2.16 所示。

```
"C:\Documents and Settings\Administrator\Debug\Text1.exe"
1,0
1,1
0,0
Press any key to continue
```

图 2.16

案例分析：

本例求出了各种关系运算符的值。字符变量是以它对应的 ASCII 码参与运算的。对于含多个关系运算符的表达式，如 k==j==i+5，根据运算符的左结合性，先计算 k==j，该式不成立，其值为 0，再计算 0==i+5，也不成立，故表达式值为 0。

【例 2.18】

```c
void main()
{
    char c='k';
    int i=1,j=2,k=3;
    float x=3e+5,y=0.85;
    printf("%d,%d\n",!x*!y,!!!x);
```

```
    printf("%d,%d\n",x||i&&j-3,i<j&&x<y);
    printf("%d,%d\n",i==5&&c&&(j=8),x+y||i+j+k);
}
```

程序运行结果如图 2.17 所示。

```
"C:\Documents and Settings\Administrator\Debug\Text1.exe"
0,0
1,0
0,1
Press any key to continue
```

图 2.17

案例分析：

在本例中，!x 和!y 分别为 0，!x*!y 也为 0，故其输出值为 0。由于 x 为非 0，故!!!x 的逻辑值为 0。对于式 x|| i && j－3，先计算 j－3 的值为非 0，再求 i && j－3 的逻辑值为 1，故 x||i&&j－3 的逻辑值为 1。对于式 i<j&&x<y，由于 i<j 的值为 1，而 x<y 为 0 故表达式的值为 1，0 相与，最后为 0，对于式 i==5&&c&&（j=8），由于 i==5 为假，即值为 0，该表达式由两个与运算组成，所以整个表达式的值为 0。对于式 x+y||i+j+k，由于 x+y 的值为非 0，故整个或表达式的值为 1。

【例 2.19】

```
void main()
{
    int a,b,max;
    printf("/n input two numbers:");
    scanf("%d%d",&a,&b);
    printf("max=%d",a>b?a:b);
}
```

案例分析：

本例要求输入两个整数，用到了条件运算符，判断出其中较大的数输出。

2.7　程序设计的三种基本结构

荷兰学者 Dijkstra 提出了“结构化程序设计”的思想，它规定了一套方法，使程序具有合理的结构，以保证和验证程序的正确性。这种方法要求程序设计者不能随心所欲地编写程序，而要按照一定的结构形式来设计和编写程序。它的一个重要目的是使程序具有良好的结构，使程序易于设计，易于理解，易于调试、修改，以提高设计和维护程序工作的效率。

结构化程序规定了以下三种基本结构作为程序的基本单元。

1. 顺序结构

顺序结构如图 2.18 所示，在这个结构中的各块是只能顺序执行的。

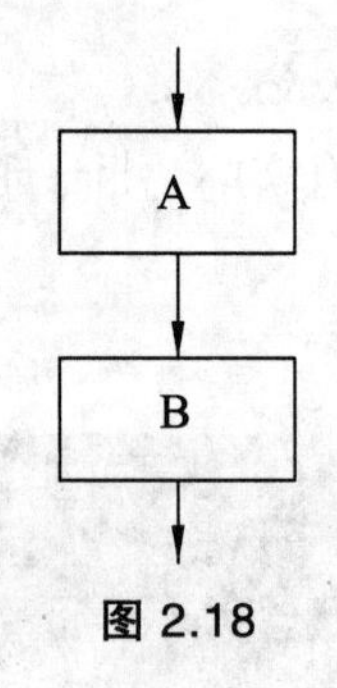

图 2.18

2. 判断选择结构

判断选择结构如图 2.19 所示，根据是否满足给定的条件判断执行 A 块或 B 块。

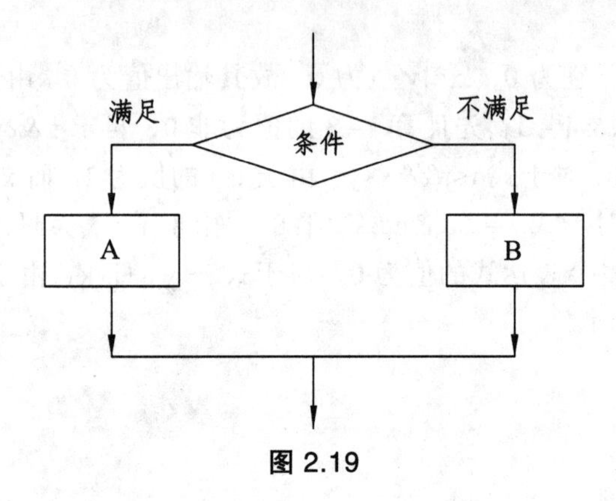

图 2.19

3. 循环结构

循环结构如图 2.20 与图 2.21 所示。其中，图 2.20 表示的结构称为“当型”循环，它的含义是：当给定的条件满足时执行 A 块，否则不执行 A 块而直接跳到下面部分执行。图 2.21 表示的结构称为“直到型”循环，它的含义是：执行 A 块直到满足给定的条件为止（满足了条件就不再执行 A 块）。这两种循环的区别是：“当型”循环是先判断（条件）再执行，而“直到型”循环是先执行后判断。

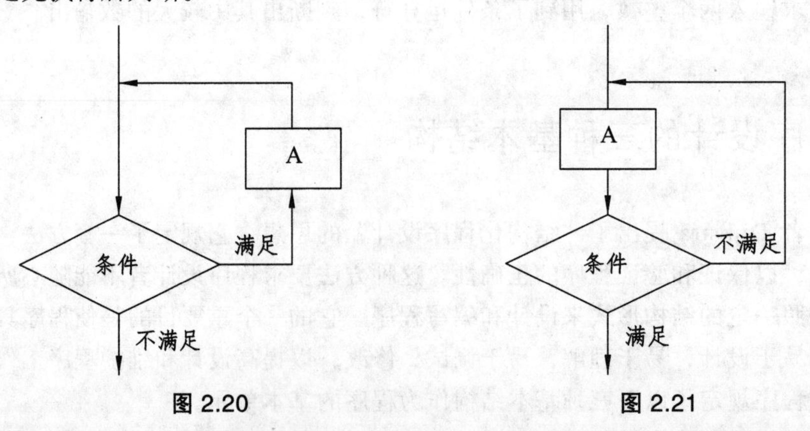

图 2.20　　图 2.21

以上三种基本结构可以派生出其他形式的结构。由这三种基本结构所构成的算法可以处理任何复杂的问题。所谓结构化程序就是由这三种基本结构所组成的程序。

可以看到，三种基本结构都具有以下特点：

① 有一个入口；

② 有一个出口；

③ 结构中每一部分都应当有被执行到的机会，也就是说，每一部分都应当有一条从入口到出口的路径通过它（至少通过一次）；

④ 没有死循环（无终止的循环）。

结构化程序要求每一个基本结构具有单入口和单出口的性质是十分重要的，这是为了便于保证和验证程序的正确性。设计程序时一个结构一个结构地顺序写下来，整个程序结构如同一串珠子一样顺序清楚，层次分明。在需要修改程序时，可以将某一基本结构单独孤立出来进行修改，由于单入口单出口的性质，不致影响到其他基本结构。

C 语言中的这三种结构及其使用将在后面的章节中陆续地详细介绍。

2.8 本章小结

（1）C 语言基本类型的分类及特点（见表 2.6）。

表 2.6 C 语言基本类型及特点

基本数据类型	类型说明符	字节	数值范围
字符型	char	1	C 字符集
基本整型	int	2	－32768 ~ 32767
短整型	short int	2	－32768 ~ 32767
长整型	long int	4	－214783648 ~ 214783647
无符号型	unsigned	2	0 ~ 65535
无符号长整型	unsigned long	4	0 ~ 4294967295
单精度实型	float	4	3/4E－38 ~ 3/4E+38
双精度实型	double	8	1/7E－308 ~ 1/7E+308

（2）数据类型转换。

① 自动转换：在不同类型数据的混合运算中，由系统自动实现转换，由少字节类型向多字节类型转换。不同类型的量相互赋值时也由系统自动进行转换，把赋值号右边的类型转换为左边的类型。

② 强制转换：由强制转换运算符完成转换。

（3）运算符优先级和结合性。

一般而言，单目运算符优先级较高，赋值运算符优先级较低。算术运算符优先级较高，关系和逻辑运算符优先级较低。多数运算符具有左结合性，单目运算符、三目运算符、赋值运算符具有右结合性。

（4）表达式。

表达式是由运算符连接常量、变量、函数所组成的式子。每个表达式都有一个值和类型。表达式求值按运算符的优先级和结合性所规定的顺序进行。

（5）程序设计的三种基本结构。

结构化程序有三种基本结构：分别是顺序结构、选择结构、循环结构。这些基本结构具有 4 个基本特点：一个入口，一个出口，拥有执行路径，无死循环。

习　题

1. C 语言中规定，不同类型的数据占用存储空间的长度是不同的。下列各组数据中满足占用存储空间从小到大顺序排列的是（　　）。

A. short int，char，float，double

B. char，float，int，double

C. int，unsigned char，long int，float

D. char，int，float，double

2. C 语言中能用八进制表示的数据类型是（　　）。

A. 字符型、整型　　B. 整型、实型

C. 字符型、实型、双精度型　　D. 字符型、整型、实型、双精度型

3. 下列属于合法的 C 语言字符常数的是（　　）。

A. '\97'　　B. "A"　　C. '\t'　　D. "\0"

4. 在 C 语言中，字符型（char）数据在内存中是以（　　）形式存储的。

A. 原码　　B. 补码　　C. 反码　　D. ASCII 码

5. 在 C 语言中，以下属于合法的长整型常数的是（　　）。

A. 0L　　B. 4978234　　C. 05423761　　D. 0xa67b5ff

6. 若有以下变量定义：

int i；char c；float f；

则结果为整型的表达式是（　　）。

A. i+f　　B. i*c　　C. c+f　　D. i+c+f

7. 若定义：

char ch；

则以下正确的赋值语句是（　　）。

A. ch='123';　　B. ch='\xef';

C. ch='\08';　　D. ch="\";

8. 以下属于非法的转义字符的是（　　）。

A. '\b'　　B. '0xf'　　C. '\037'　　D. '\'

9. 若有以下定义和语句：

int u=010，v=0x10，w=10；

printf ("%d，%d，%d\n"，u，v，w);

则输出结果是 (　　)。

A. 8，16，10　　　　B. 10，10，10

C. 8，8，10　　　　D. 8，10，10

10. 若有以下定义和语句：

int y=10;

y+=y－=y－y;

则 y 的值是 (　　)。

A. 10　　B. 20　　C. 30　　D. 40

11. 若定义：

float m=4.0，n=4.0;

则使 m 为 10.0 的表达式是 (　　)。

A. m+=n+2　　　　B. m－=n*2.5

C. m*=n－6　　　　D. m/=n+9

12. 若有以下定义和语句：

int a=1，b=2，c=3，d=4;

printf("%d\n",a<b?a:c<d?a:d);

则输出结果是 (　　)。

A. 4　　B. 3　　C. 2　　D. 1

13. 设 x、y、z 均为 int 型变量，且有以下定义和语句：

x=1;y=0;z=2;y++&&++z||++x;

则执行后，x、y、z 的值 (　　)。

A. 2、1、3　　B. 2、0、3　　C. 2、1、3　　D. 2、1、2

14. 若有程序如下：

```
void main()
{
    int x=3，y=3，z=1;
    printf("%d %d\n",(++x,y++),z+2);
}
```

则其运行结果是 (　　)。

A. 3 4　　B. 4 2　　C. 4 3　　D. 3 3

15. 若有以下定义和语句：

int a，b;

printf("%d",(a=2)&&(b=－2));

则输出的结果是 (　　)。

A. 无输出　　B. 结果不确定　　C. 1　　D. －1

16. 下列表达式中，不满足“当 x 的值为偶数时值为真，为奇数时值为假”的要求的是 (　　)。

A. x%2==0　　　　B. x%2!=0

C. (x/2*2 – x)==0　　　　　　　　D. !(x%2)==0

17. 有表达式(M)?(a++):(a – –)，表达式 M 等价于（　　）。

A. M==0　　　B. M==1　　　C. M!=0　　　D. !=1

18. 若有以下语句：

```
int a=2，b=3；
printf(a>b?"***a=%d":"###b=%d",a,b)；
```

输出结果是（　　）。

A. 输出结果格式错误　　　B. ***a=2

C. ###b=2　　　D. ###b=3

上机实训

1. 输入并运行下面的程序。

```
main()
{
    char c1,c2；
    c1=97;c2=98；
    printf("%c %c",c1,c2)；
}
```

在此基础上加上如下 printf 语句，并运行。

```
    printf("%d,%d",c1,c2)；
```

再将第二行改为：

```
    int c1,c2；
```

再运行。

再将第三行改为：

```
    c1=300;c2=400；
```

再运行，分析运行结果。

2. 输入并运行下面的程序（在上机前先人工分析程序写出应得结果，上机后将二者对照）。

```
main()
{
    char c1='a',c2='b',c3='c',c4='\101',c5='\116'；
    printf("a%cb%c\tc%c\tabc\n",c1,c2,c3)；
    printf("\t\b%c %c",c4,c5)；
}
```

3. 写一个 C 程序，输入 a、b、c 三个值，并输出其中最大者（提示：使用条件运算符完成）。

4. 输入一个 3 位整数，把它分解成 3 位数（百位，十位和个位）输出，并输出它的逆序数。比如，输入 123，应输出 321。

第3章　选择结构

【学习目标】

☞ 掌握C语言中选择结构的两种类型；
☞ 掌握C语言中if语句的使用方法；
☞ 掌握选择结构中分支条件表达式的用法；
☞ 掌握if语句的嵌套使用方法；
☞ 掌握带条件运算符的条件表达式的使用方法；
☞ 掌握switch语句的使用方法。

【知识要点】

🕮 if-else语句；
🕮 关系表达式；
🕮 逻辑表达式；
🕮 if-else-if语句；
🕮 嵌套的if-else语句；
🕮 带条件运算符的条件表达式；
🕮 switch语句。

3.1　基本if语句

3.1.1　知识点

1. if语句的一般形式

if语句可用于分支为“真”、“假”两个方向的程序设计，是最简单的分支结构。它根据给定的条件进行判断，以决定执行某个分支程序段。简单if语句的一般使用形式为：

```
if (表达式)
{
    语句组1;
}
else
{
```

```
    语句组 2;
}
```

2. if 语句的执行说明

首先执行 if 后面的表达式，如果表达式的值为逻辑“真”，就执行 if 下面的语句组 1，否则就执行 else 后的语句组 2，程序流程图如图 3.1 所示。

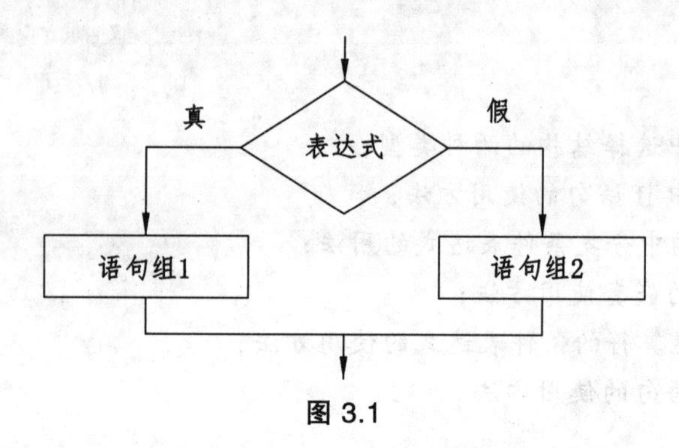

图 3.1

当然，在程序的执行过程中，如果不满足表达式则不需要执行任何操作，可以去掉 if 语句的 else 部分，仅采用 if（表达式）{}部分。

使用 if 语句应注意以下几点：

（1）语句组可以是一个空语句表示什么都不操作，用“;”来表示；

（2）语句组可以是由一条语句组成的简单语句，这时可以去掉“{}”；

（3）如果语句是包括多条语句的复合语句，则必须放在“{}”里。

3.1.2 案例解析

【例 3.1】 从键盘上输入两个整数 a 和 b，判断两个数的大小，输出“a>b”或“a<=b”。

（1）案例分析。

这是一个需要判断做决定的分支结构案例，需要对输入的两个数进行判定后输出结果。如果输入的 a 大于 b，则输出“a>b”，否则输出“a<=b”。

（2）操作步骤。

① 定义两个整型变量 a 和 b 用来存放输入的两个整数；

② 通过键盘输入两个整数，分别存放在变量 a 和 b 中；

③ 判断 a、b 的大小；

④ 如果 a 大于 b 则输出“a>b”，否则输出“a<=b”。

（3）程序源代码。

```
#include <stdio.h>
void main()
{
    int a,b;
    printf("请输入两个整数: ");
```

```
        scanf("%d%d ",&a,&b);
        if (a>b)
        {
          printf("a>b\n");
        }
        else
        {
          printf("a<=b\n");
        }
    }
```

（4）程序运行结果如图 3.2 所示。

```
"C:\Documents and Settings\Administrator\Debug\E3-1.exe"
请输入两个整数:100,200
 a<b
Press any key to continue_
```

图 3.2

【例 3.2】 输入 1 个年份，如果是闰年，则输出“闰年”；否则，输出“不是闰年”。

（1）案例分析。

这同样是一个有两个分支结构的案例，要求对顺序执行过程中输入的数据进行判定后得到两个不同的结果。

本案例总共只有两种执行结果：“闰年”或“不是闰年”。如果是闰年则执行输出“闰年”的语句，否则执行输出“不是闰年”的语句，符合 if 语句的分支结构形式。

闰年的判定要同时满足两个条件，一是年份必须能被 4 整除且不能被 100 整除，二是年份能被 400 整除。所以这里分别使用了 a%4==0、a%100!=0 及 a%400==0 的条件表达式。其中 a%4==0 和 a%100!=0 同时满足为“真”时，可以确定是闰年，所以这两个条件使用&&进行运算；或者 a%400==0 为“真”时，也能确定是闰年，所以两个条件再使用||进行运算。

（2）操作步骤。

① 定义一个整型变量 year 用来存放年份的值；

② 通过键盘输入一个年份存放在变量 year 中；

③ 对 year 进行闰年判断；

④ 如果是闰年则输出“闰年”，否则就输出“不是闰年”。

（3）程序源代码。

```
#include <stdio.h>
void main()
{
    int year;
    printf("请输入 1 个年份: ");
```

```
    scanf("%d ",&year);
    if(year%4==0 && year%100!=0 || year%400==0)
    {
      printf("闰年\n");
    }
    else
    {
      printf("不是闰年\n");
    }
}
```

（4）程序运行结果如图 3.3 所示。

```
"C:\Documents and Settings\Administrator\Debug\E3-2.exe"
请输入1个年份:2005
不是闰年
Press any key to continue
```

图 3.3

3.1.3 案例练习

（1）编写程序，要求用户输入性别代号 1 或 2，分别输出“male”或“female”。如输入的是 1，则输出“male”。

（2）编写程序，要求用户输入两个整数，输出这两个中较大的那个数。如输入 200、100，则输出 200。

（3）编写程序，要求用户输入一个整数，判断后输出该数是偶数还是奇数。如输入 13，则输出奇数。

（4）编写程序，要求用户输入两个整数，将这两个数交换后再输出。如输入 200、100，则输出 100、200。

3.2 多分支 if 语句

3.2.1 知识点

基本的 if 语句只有两个分支，但是其 else 部分可以继续扩充 if-else 语句构造多分支结构。多分支语句的一般形式为：

```
if(表达式 1)
{
  语句组 1;
```

```
}
else if(表达式 2)
{
    语句组 2;
}
else if(表达式 3)
{
    语句组 3;
}
    …
else if(表达式 n)
{
     语句组 n;
}
else
{
     语句组 n+1;
}
```

在实际应用中，还可继续扩充 else 语句，直到满足整个程序的所有分支需求为止。多分支的程序流程如图 3.4 所示。

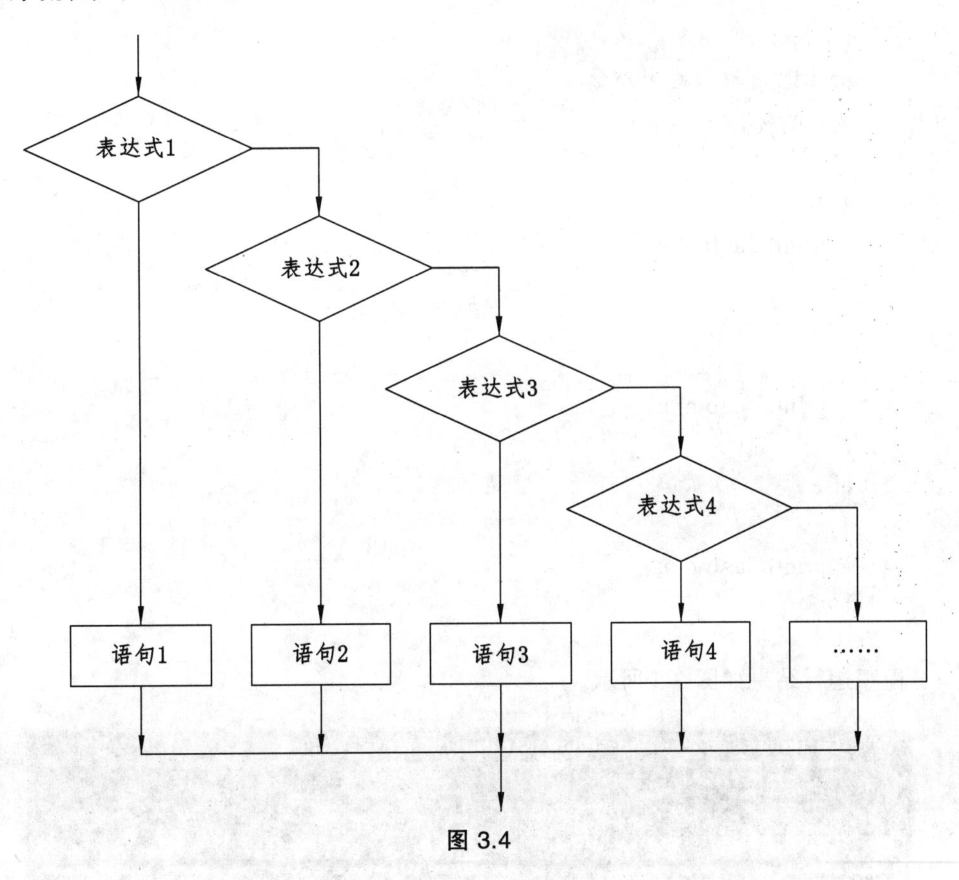

图 3.4

3.2.2 案例解析

【例 3.3】 从键盘上输入两个不同的整数 a 和 b，判断两个数的大小，输出“a=b”、“a>b”或“a<b”。

（1）案例分析。

这是一个有 3 个分支结构的案例，适合多分支语句结构，需要对顺序执行过程中输入的数据进行 3 种判断后转入不同的分支以输出不同的结果。键盘输入的两个整数可能是等于、大于或小于的关系，可使用条件表达式来判断到底是哪一种关系。

（2）操作步骤。

① 定义两个整型变量 a 和 b，用来存放输入的两个整数；

② 通过键盘输入两个整数，分别存放在变量 a 和 b 中；

③ 对 a 和 b 进行大小判断；

④ 如果 a 等于 b 则输出“a=b”，a 大于 b 则输出“a>b”，否则输出“a<b”。

（3）程序源代码。

```
#include <stdio.h>
void main()
{
      int a,b;
      printf("请输入两个整数: ");
      scanf("%d%d ",&a,&b);
      if (a=b)
      {
         printf("a=b\n");
      }
      else if (a>b)
      {
         printf("a>b\n");
      }
      else
      {
         printf("a<b\n");
      }
}
```

（4）程序运行结果如图 3.5 所示。

```
"C:\Documents and Settings\Administrator\Debug\E3-3.exe"
请输入2个整数:100,145
a<b
Press any key to continue_
```

图 3.5

【例 3.4】 对键盘输入的一个字符进行判定。如果是数字 0 ~ 9，则输出“输入的是数字”；如果是 A ~ Z，则输出“输入的是大写字母”；如果是 a ~ z，则输出“输入的是小写字母”；否则输出“输入的是其他字符”。

（1）案例分析。

这是一个有 4 个分支结构的案例，适合多分支语句结构，需要对顺序执行过程中输入的数据进行多种判断后，转入不同的分支以输出不同的结果。键盘输入的字符可能是数字、大写字母、小写字母或其他控制字符，从键盘输入的字符到底属于哪一种情况，可使用条件表达式进行判断。

（2）操作步骤。

① 定义一个字符型变量 c 用来存放输入的字符；

② 通过键盘输入一个字符存放在变量 c 中；

③ 对字符 c 进行判断；

④ 如果字符 c 属于数字字符，则输出“输入的是数字”；如果字符 c 属于大写字字符，则输出“输入的是大写字母”；如果字符 c 属于小写字字符，则输出“输入的是小写字母”；否则输出“输入的是其他字符”。

（3）程序源代码。

```
#include <stdio.h>
void main()
{
    char c;
    printf("请输入键盘上的一个数字、字母或符号:");
    c=getchar();
    if(c>='0'&&c<='9')
    {
        printf("输入的是数字\n");
    }
    else if(c>='A'&&c<='Z')
    {
        printf("输入的是大写字母\n");
    }
    else if(c>='a'&&c<='z')
    {
        printf("输入的是小写字母\n");
    }
    else
    {
        printf("输入的是其他字符\n");
    }
}
```

（4）程序运行结果如图 3.6 所示。

```
"C:\Documents and Settings\Administrator\Debug\Text1.exe"
请输入键盘上的一个数字、字母或符号：    A
输入的是大写字母
Press any key to continue
```

图 3.6

3.2.3 案例练习

1. 编写程序，输入 4 个整数，输出其中最大的数。如输入 100、200、300、400，则输出 400。

2. 编写程序，输入 1 ~ 7 任意一个数，输出对应星期几的英文单词。如输入 1，则输出“Monday”。

3. 编写程序，根据输入的学生成绩输出相应的等级。大于等于 90 分的等级为 A，大于等于 80 且小于 90 的等级为 B，大于等于 70 且小于 80 的等级为 C，大于等于 60 且小于 70 的等级为 D，60 分以下的等级为 E。如输入 86，则输出 B。

4. 编写程序，要求用户输入 1 ~ 500 之间的一个整数代表用电度数，对该数据按梯度运算来计算电费：如果用电度数在 1 ~ 180 之间，则按每度 0.5 元的单价收费；如果在 181 ~ 280 之间，则按 0.6 元的单价收费；如果高于 281，则按 0.7 元的单价收费。最后输出计算出来的电费，输出格式为：用电度数*单价=电费。如输入 200，则输出 200*0.6=120。

3.3 if 语句的嵌套

3.3.1 知识点

if 语句的嵌套是指在 if 语句的内部分支中再次使用到 if 语句的情形。If 语句嵌套的一般形式为

```
if（表达式）
    if 语句;
```

或者为

```
if（表达式）
    if（表达式）语句组 1;
else
    if（表达式）语句组 2;
```

嵌套在 if 分支结构中的 if 语句也可能是 if-else 型的，这时，应使用“{}”对多个语句处理，否则可能出现不容易分清多个 if 和多个 else 配对的问题。例如：

```
if（表达式 1）
    if（表达式 2）
```

```
        语句组 1;
    else
    语句组 2;
```

其中的 else 究竟是与哪一个 if 配对呢？在 C 语言中规定，else 与同一个分支语句块中最近的一个 if 配对。也就是说，上述语句应该理解为：

```
if（表达式 1）
    if（表达式 2）
        语句组 1;
    else
        语句组 2;
```

为了便于阅读，建议多个 if 和 else 混合使用时，把配对的 if-else 用语句块符号“{}”括起来。例如：

```
if(表达式 1)
{
    if(表达式 2)
        语句组 1;
    else
        语句组 2;
}
```

3.3.2 案例分析

【例 3.5】 编写程序，要求用户输入 3 个整数，输出最大数。如输入 100、111、123，则输出“c is max and it is 123”。

（1）案例分析。

多个数的比较在程序设计中比较常见，方法也比较多。本例可以使用 if-else-if 语句，也可以使用嵌套的 if 语句。if-else-if 语句要求在每一个分支中都要把需要比较的多个条件用逻辑运算符运算出来，而使用嵌套的 if 语句则仅需在每个分支中使用 1 个算术表达式即可组合出多个条件的逻辑关系。

（2）操作步骤。

① 定义 3 个整型变量 a、b、c，用来存放输入的 3 个整数；

② 通过键盘输入 3 个整数，分别存放在变量 a、b、c 中；

③ 对 a、b 进行大小判断；

④ 如果 a 小于 b，继续判定 c、b 的关系，如果 c 小于 b，则输出“b is max…”，否则输出“c is max…”；如果 a 大于等于 b，继续判定 c、a 的关系，如果 c 小于 a，则输出“a is max…”，否则输出“c is max…”。

（3）程序源代码。

```
#include <stdio.h>
void main()
```

```
{
    int a,b,c;
    printf("a=");
    scanf("%d",&a);
    printf("b=");
    scanf("%d",&b);
    printf("c=");
    scanf("%d",&c);
    if(a<b)
    {
        if(c<b)
            printf("b is max and it is %d\n",b);
        else
            printf("c is max and it is %d\n",c);
    }
    else
    {
        if(c<a)
            printf("a is max and it is %d\n",a);
        else
            printf("c is max and it is %d\n",c);
    }
}
```

（4）程序运行结果如图 3.7 所示。

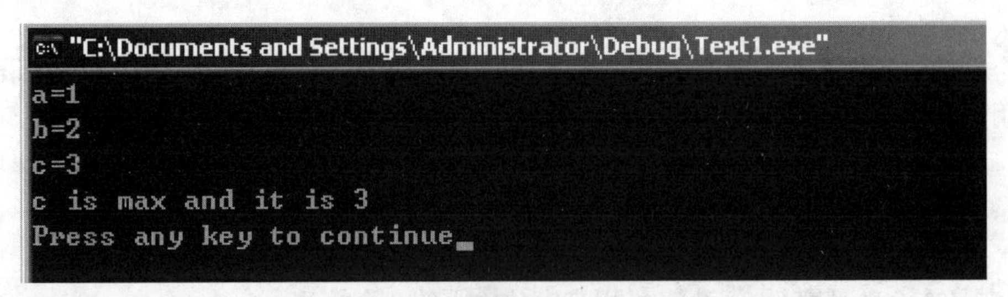

图 3.7

注：3 个数甚至更多数的比较时，如果使用多分支 if 语句，if 中的条件逻辑组合就比较复杂。使用嵌套 if 语句可以非常清晰的表达多个条件之间的组合，简单直观。

3.3.3 案例练习

根据表 3.1，编写程序，要求用户输入性别代码和年龄，输出对应的身高和体重参考标准。如：输入 1、6，则输出“体重 18.4 ~ 23.6；身高 111.2 ~ 121.0”。

表 3.1

年龄	男（代码：1）		女（代码：2）	
	体重/kg	身高/cm	体重/kg	身高/cm
6 岁	18.4 ~ 23.6	111.2 ~ 121.0	17.3 ~ 22.9	109.7 ~ 119.6
7 岁	20.2 ~ 26.5	116.6 ~ 126.8	19.1 ~ 26.0	115.1 ~ 126.2
8 岁	22.2 ~ 30.0	121.6 ~ 132.2	21.4 ~ 30.2	120.4 ~ 132.4

3.4 多分支 switch 语句

3.4.1 知识点

C 语言还提供了另外一种用于多分支结构的语句：switch（选择）语句。其一般形式为：

```
switch（表达式）
{
        case 常量表达式 1：语句组 1；break;
        case 常量表达式 2：语句组 2；break;
        …
        case 常量表达式 n：语句组 n；break;
        default          ：语句组 n+1；
}
```

switch 语句的执行过程是：首先计算表达式的值，然后将表达式的值逐个与其后的常量表达式的值相比较，当表达式的值与某个常量表达式的值相等时，随即转入执行其后的分支语句，然后不再进行判断，继续执行后面所有 case 后的语句，如果该分支执行后，不要继续执行后续其他 case 后的分支语句，则需要在该分支语句块的最后，使用 break 语句跳出整个 switch 语句。若表达式的值与所有 case 后的常量表达式均不相同时，则执行 default 后的语句。default 语句可按需省略。

注意：switch（表达式）及 case 后面的表达式应该为整型或者字符型数据。

3.4.2 案例解析

【例 3.6】 输入 1 ~ 7 中任意一个数，输出对应星期几的英文单词。如：输入 1，则输出“Monday”；输入 100，则输出 “Wrong Number!”。

（1）案例分析。

本案例是一个多分支结构的判断案例。输入数据可能是 1 ~ 7 中的任意整数，根据输入整数输出对应的英文星期几。使用多分支 if 语句完全可以解决该问题，但是将会有多个 if-else-if

语句，程序代码很繁琐。使用 switch 分支语句可以大大简化实现该功能的代码。

（2）操作步骤。

① 定义一个整型变量 DayNo，用来存放输入的整数；

② 通过键盘输入一个整数存放在变量 DayNo 中；

③ 对 DayNo 进行等值比较：如果 a 跟 1 匹配，则输出“Monday”，如果跟 2 匹配，则输出“Tuesday”……如果跟 1 ~ 7 的值都不匹配，则输出“Wrong Number！”。

（3）程序源代码。

```
#include <stdio.h>
void main()
{
    int DayNo;
    printf("Input an Interger(1-7):");
    scanf("%d",&DayNo);
    switch (DayNo)
    {
    case   1: printf("Monday/n");break;
    case   2: printf("Tuesday/n");break;
    case   3: printf("Wednseday/n");break;
    case   4: printf("Thursday/n");break;
    case   5: printf("Friday/n");break;
    case   6: printf("Saturday/n");break;
    case   7: printf("Sunday/n");break;
    default:
            printf("Wrong Number!");break;
    }
}
```

（4）程序运行结果如图 3.8 所示。

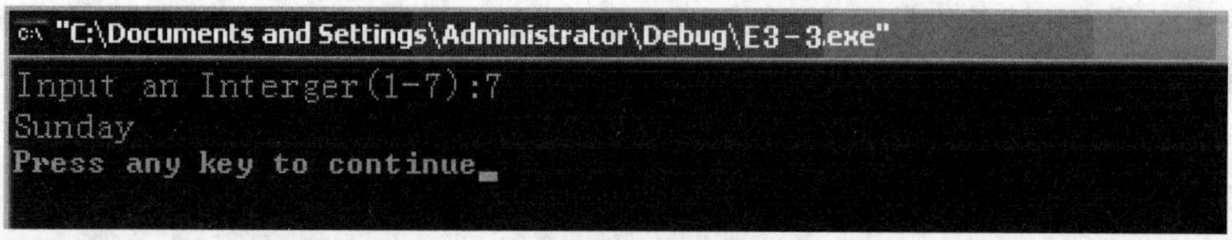

```
"C:\Documents and Settings\Administrator\Debug\E3-3.exe"
Input an Interger(1-7):7
Sunday
Press any key to continue
```

图 3.8

【例 3.7】 输入年、月、日三个整数，判断并输出他们组合的日期是一年中的第几天。

（1）案例分析。

一年中每个月的天数看似有规律却又无规律。如果使用 if 语句，将会有很长的 if-else-if 语句块，而且判定条件也较为复杂。而使用 switch 语句的分支累计方法可以轻而易举地计算出当前日期是该年的第几天：用当月的天数加上当月之前的每个月的天数就是要查询的结果。

Switch 语句在执行时没有遇到 break 语句将会一直执行到分支语句末，所以将等值比较的月份从大到小排列，可确保将该月之前的所有月份天数都累加起来。

（2）操作步骤。

① 定义 3 个整型变量 Year、Month 和 Day，用来存放年、月、日的值；

② 定义 1 个变量 Sum，用于存放天数累加的结果；

③ 通过键盘分别输入年、月、日的值，分别存放在变量 Year、Month 和 Day 中；

④ 给 Sum 赋值为 Day 的值；

⑤ 对 Month－1 进行等值比较，如果为 12，则给 Sum 累加 31（天）；如果为 11，则给 Sum 累加 30（天）……如果为 2，则对当前的年份进行判断：如果是闰年，给 Sum 累加 29，否则累加 28。

⑥ 最后输出“你输入的日期是当年的第 X 天”。

（3）程序源代码。

```
#include <stdio.h>
void main()
{
    int    Year,Month,Day;
    int    Sum=0;
    printf("请输入 3 个整数，分别是年、月、日：\n ");
    scanf( "%d,%d,%d",&Year,&Month,&Day);
    Sum=Day;
    switch(Month－1)
    {
    case   12: Sum+=31;
    case   11: Sum+=30;
    case   10: Sum+=31;
    case    9: Sum+=30;
    case    8: Sum+=31;
    case    7: Sum+=31;
    case    6: Sum+=30;
    case    5: Sum+=31;
    case    4: Sum+=30;
    case    3: Sum+=31;
    case    2: if(Year%4==0 && Year%100!=0 || Year%400==0)
                 Sum+=29;
           else
                 Sum+=28;
    case    1: Sum+=31;
    }
    printf("你输入的日期是当年的第%d 天。\n ",Sum);
}
```

（4）程序运行结果如图 3.9 所示。

图 3.9

本例充分利用 switch 语句中前边条件满足后在没有遇到 break 语句时自动执行后续所有分支语句的特性，完成了当前月以及该月之前各月天数的累加，程序代码清晰明了，是多分支 if 语句不可替代的。

（5）思考。

如果在每个 case 分支的最后加上 break 语句会是什么现象？

3.4.3 案例练习

1. 编写程序，要求用户输入乘车目的地：成都、重庆、达州或北京，输出遂宁到该目的地的列车票价（48、55、70、460）。

2. 编写程序，要求用户输入两个运算整数和一个四则运算符，根据用户的输入对这两个整数进行运算并输出结果。如输入 20、50、*，则输出 20*50=100。

3.5 本章小结

本章介绍了关系表达式、逻辑表达式以及带条件运算符的条件表达式的基本使用方法，重点介绍了 if-else 语句、if-else-if 语句、嵌套的 if 语句的使用方法，以及 swicth 语句的使用方法。在实际应用中，要根据具体情景选择恰当的分支语句，以编写简洁、高效的程序。

习 题

1. 如果 a=100，b=200，max=0，则执行“if(a>b)max=a;else max=b;”后，max 的值是（　　）。

A. 100　　　　B. 200　　　　C. 0

2. 有如下程序段：

```
if（salary>1000）  index=0.4;
   else if（salary>800）     index=0.3;
```

```
    else if ( salary>600 )        index=0.2;
    else if ( salary>400 )        index=0.1;
else            index=0;
```

如果 salary 的初始值是 500，则执行以上程序段后，index 的值是（　　）

A. 0.4　　B. 0.3　　C. 0.2　　D. 0.1

3. 有如下程序段：

```
int x,y;
    scanf("%d,%d",&x,&y);
if(x>y)
{
        x=y;    y=x;
}
    else
      x++; y++;
    printf("%d,%d\n",x,y);
```

输入 55、50，则以上程序段的输出结果是（　　）。

A. 50，50　　B. 51，56　　C. 50，51　　D. 51，55

4. 有如下程序段：

```
int a=100,b=50,c=90,max=0;
max=b;
if(a>max)
if(a>c)
      max=a;
else
      max=c;
```

执行完毕后 max 的值是（　　）。

A. 0　　B. 50　　C. 90　　D. 100

5. 有如下程序段：

```
int a=110,b=－50,c=100
if(a>100 && b>0 || c<0)
printf("%d",b);
else
printf("%d",a);
```

则输出结果是（　　）。

A. 110　　B. 100　　C. 50

6. 有如下程序段：

```
char a='c';
switch(a)
    case 'c':printf("China\n");break;
    case 'e':printf("England\n");break;
    case 'a':printf("America\n");break;
    case 'j':printf("Japan\n");break;
    default: printf("Unknown");
```

分析程序执行后会输出什么结果？

第 4 章　循环结构

【学习目标】

☞ 了解循环结构的意义和基本实现方法；

☞ 掌握使用 for 语句进行程序设计的基本方法；

☞ 掌握 while、do…while 语句进行循环程序设计的基本方法；

☞ 理解 break 语句和 continue 语句并应用；

☞ 掌握 while、do…while、for 三种循环语句的互换和嵌套使用；

☞ 掌握多重循环的嵌套使用。

【知识要点】

🕮 for、while、do…while 三种循环语句的基本格式；

🕮 break、continue 的使用格式；

🕮 多重循环的使用。

在现实世界中，往往会遇到这样的情况：多次反复执行同一段程序。例如，商店计算货款的程序，需要反复执行“单价×数量”，累加求和等。这时，就需要用到循环结构。

循环是一种有规律的重复。实现循环的程序结构称为循环结构，它是一种常见的重要基本结构。其特点是，在给定条件成立时，反复执行某程序段，直到条件不成立为止。给定的条件称为循环条件，反复执行的程序段称为循环体。C 语言提供了 while 语句、do…while 语句和 for 语句 3 种语句来实现循环，下面分别进行介绍。

4.1　while 语句

4.1.1　知识点

while 循环结构的循环特点是：先判断循环条件，根据条件决定是否执行循环体，执行循环体的最少次数为 0。while 语句的一般格式为：

```
while（表达式）
循环体;
```

格式中的循环体，可以是单个语句、空语句，也可以是复合语句。其流程图如图 4.1 所示。

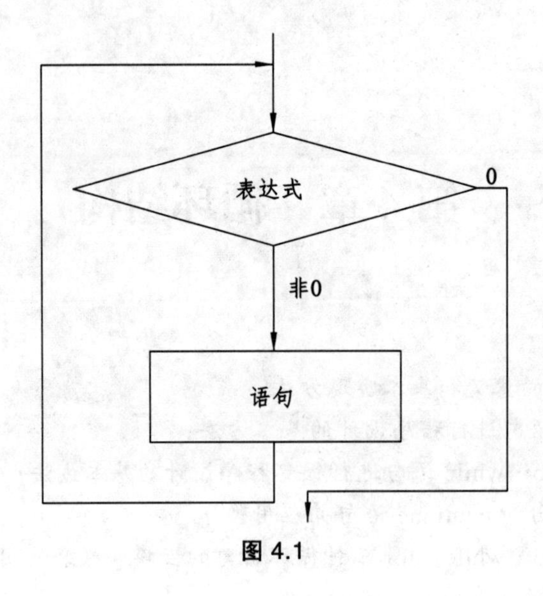

图 4.1

4.1.2 案例解析

【例 4.1】 打印输出 5 次“我是一名学生!!!”。

（1）案例分析。

这种重复多次执行同一个动作的程序是很典型的循环结构，需定义一个变量来控制循环的次数。

（2）操作步骤。

① 定义一个整型变量 i，用来控制循环的次数，赋初值为 1；

② 判断 i 是否满足循环的条件，输出 5 次，循环的条件为小于等于 5；

③ 为了防止死循环的出现，循环变量循环一次增加 1；

④ 当 i 大于 5 时，结束循环。

（3）程序源代码。

```
#include <stdio.h>
void main()
{
    int i=1;
    while(i<=5)
    {
    printf("我是一名学生!!! \n");
    i++;
    }
}
```

（4）程序运行结果如图 4.2 所示。

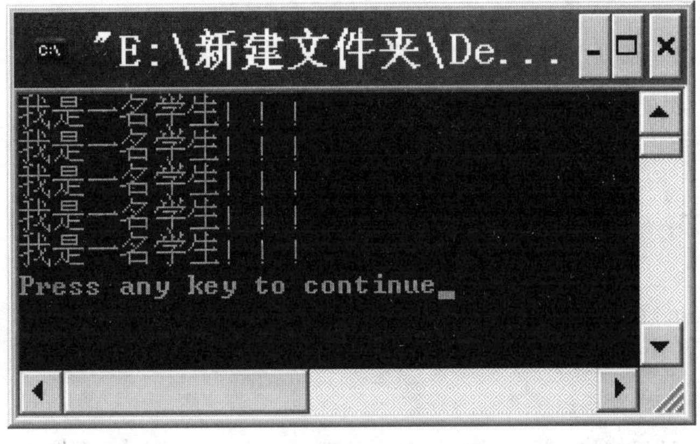

图 4.2

【例 4.2】 使用 while 语句求 1+2+3+4+……+100。

（1）案例分析。

这种求和可以利用计算机的快速计算能力来实现，算法比较典型，可以使用一个变量存放“和”中的“项”，它的初始值为 1，每一次循环增加 1，其值的变化为 1，2，3，……，100。用另外一个变量存放“和”的中间值，其值变化为 1，1+2，1+2+3，……，1+2+3+……+100。

用传统流程图和 N-S 结构流程图表示算法，如图 4.3 所示。

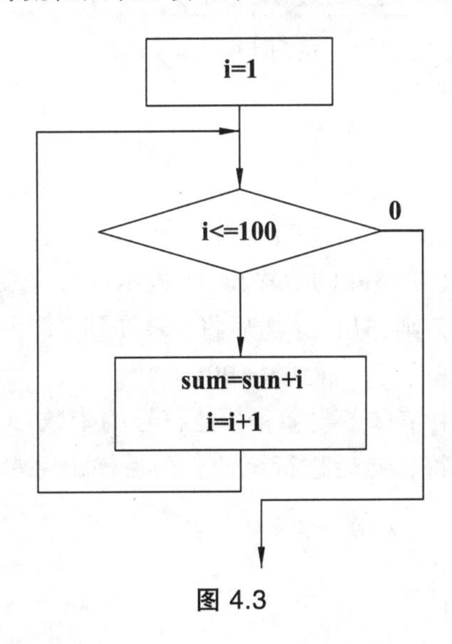

图 4.3

（2）操作步骤。

① 定义一个整型变量 i，用来加数的值；

② 判断 i 是否满足循环的条件；

③ 如果满足循环的条件，则执行循环体语句，进行求和与加数的累加；

④ 当 i>100，则不满足循环的条件，跳出循环，输出求和的结果 sum。

（3）程序源代码。

```
#include <stdio.h>
void main()
{
      int i,sum=0;
      i=1;
      while(i<=100)                /*跳出循环的判定，i<=100*/
      {
            sum=sum+i;             /*求和*/
            i++;                   /*i 值自增*/
      }
printf("1+2+3+..+100 的和=%d\n",sum);
}
```

（4）程序运行结果如图 4.4 所示。

图 4.4

4.1.3 案例练习

（1）求 n!（提示：从键盘输入一个整型数字，然后计算 1*2*3*…*n）

（2）将 1～100 之间不能被 3 整除的数输出。（提示：定义变量 i 的初值为 1，验证 1 是否能被 3 整除，若不能被整除，则输出 i，然后将 i 累加到 2，再验证 2 能否被 3 整除，若不能被整除，则输出 i，这样一直重复，直到 i>100。）

（3）输入一行字符，求其中字母、数字和其他符号的个数。（提示：循环接收从键盘输入的字符，遇到回车停止接收字符，然后进行统计，最后输出字母、数字和其他字符的个数。）

4.2 do…while 语句

4.2.1 知识点

在 C 语言中，do…while 循环结构的执行特点是：先执行循环体，然后判断条件，根据条件决定是否继续执行，因此循环的最少次数为 1。do…while 语句的一般格式为：

```
do
{
循环体;
}
while ( 表达式 );
```

当循环体有多个语句时必须加花括号“{}”。其流程图如图 4.5 所示。

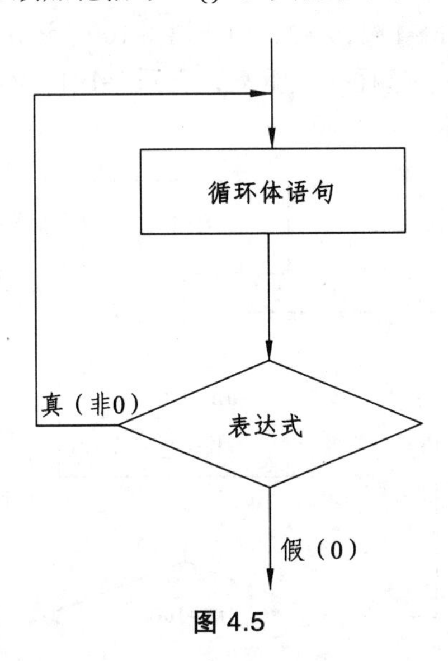

图 4.5

4.2.2 案例解析

【例 4.3】 打印输出 5 次“我是一名学生!!!”。

（1）操作步骤。

① 定义一个整型变量 i，用来控制循环的次数，赋初值为 1；

② 首先执行一次循环，输出一次“我是一名学生!!!”，然后循环变量 i 增加，再判断 i 是否满足循环的条件，决定是否执行循环。

③ 当 i 大于 5 时，结束循环。

（2）程序源代码。

```
#include <stdio.h>
void main()
{
    int i=1;
    do
    {
        printf("我是一名学生!!! \n");
        i++;
```

```
    }while(i<=5);
}
```

（3）程序运行结果同【例 4.1】。

【例 4.4】 用 do…while 语句求 1+2+3+4+……+100。

（1）案例分析。

首先定义 i 的初值为 1，执行循环体语句组，即 sum=1，i=2；由于 2<=100，满足循环条件，第二次执行循环体，即 sum=1+2，i=3；由于 3<=100，满足循环条件，执行第三次循环体，即 sum=1+2+3，i=4；……。这样一直重复，直到 i=101，不再满足循环条件，从而跳出循环体。其流程图如图 4.6 所示。

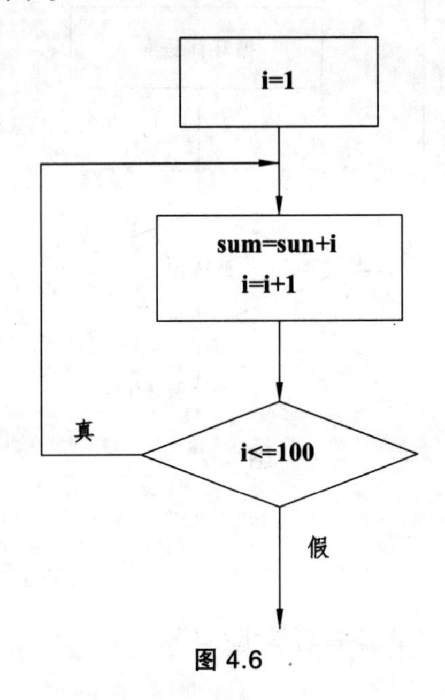

图 4.6

（2）操作步骤。

① 定义一个整型变量 i，用来控制循环的次数，赋初值为 1，定义变量 sum，用来存放求和的结果；

② 首先执行一次循环，计算 sum，然后循环变量 i 增加 1，再对 i 进行判断是否满足循环的条件，决定是否执行循环。

③ 当 i 大于 100 时，结束循环。

（3）程序源代码。

```
#include <stdio.h>
void main()
{
    int i,sum=0;
    i=1;
    do
        {
```

```
            sum=sum+i;                          /*累加求和*/
            i++;                                /*自变量累加*/
         }while(i<=100);                        /*循环判断条件*/
     printf("1+2+3+.....+100=%d\n",sum);
}
```

（4）其程序运行结果同【例 4.2】。

4.2.3 案例练习

（1）采用 do…while 语句实现 n!

（2）一个班进行了一次考试，现要输入第一小组学生（10 人）的成绩，计算这一小组的总分与平均分，并输出。

（3）计算正整数 num 各位上的数字之积。（提示：对于一个正整数 n，n%10 可以求出 n 的个位数字，n/10%10 可以得到 n 的十位数字，n/100%10 可以得到 n 的百位数字，依次类推，可以使用一个循环得到正整数 n 的各位数字）

注意：

① do…while 循环总是先执行一次循环体，然后再求表达式的值，因此，无论表达式是否为“真”，循环体至少执行一次。

② do…while 循环与 while 循环十分相似，它们的主要区别是：while 循环先判断循环条件再执行循环体，循环体可能一次也不执行；do…while 循环先执行循环体，再判断循环条件，循环体至少执行一次。

③ 为避免与 while 语句混淆，即使只有一句在 do…while 语句中也要将其用括号括起来，避免死循环的要求与 while 循环相同。

4.3 for 语句

4.3.1 知识点

在 C 语言中，for 语句使用最为灵活，不仅可以用于循环次数已经确定的情况，还可以用于循环次数不确定而只给出循环结束条件的情况，它完全可以取代 while 语句。它的一般格式为：

```
for（表达式 1；表达式 2；表达式 3）
{
    循环体；
}
```

它的执行过程如下：

① 执行“表达式 1”，“表达式 1”只执行一次，一般是赋值语句，用于初始化变量；

② 判断“表达式 2”，若为假（0），则结束循环；当“表达式 2”为真（非 0）时，则执行循环体语句；

③ 执行“表达式 3”，然后转回②。

注意：循环变量赋初值总是一个赋值语句，它用来给循环控制变量赋初值；循环条件是一个关系表达式，它决定什么时候退出循环；循环变量增量，定义循环控制变量每循环一次后按什么方式变化。这三部分用“;”隔开。其执行过程如图 4.7 所示。

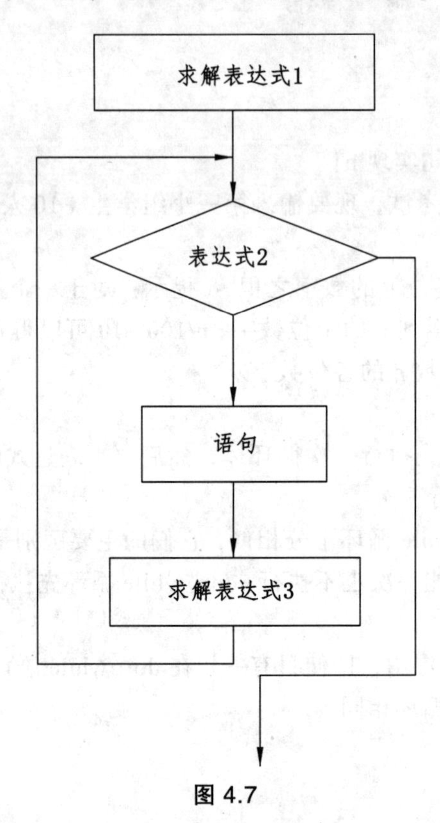

图 4.7

4.3.2 案例解析

【例 4.5】 用 for 语句求 1+2+3+……+100 的值。

（1）操作步骤。

① 定义一个整型变量 i，用来存放加数，以及实现循环次数的控制，初值为 1，再定义一个整型变量 sum，用来存放求和的结果，初值为 0；

② 在 for 循环语句中，判断表达式 2 的值是否为真，如果为真，执行循环体语句，实行求和；

③ 执行表达式 3，加数 i 增加 1，转回执行表达式 2；

④ 当 i>100 时，结束循环，输出求和的结果。

（2）程序源代码。

```
#include <stdio.h>
```

```
void main()
{
    int i,sum=0;
    for(i=1;i<=100;i++)
        sum+=i;
    printf("1+2+3+…+100=%d\n",sum);
}
```

（3）程序运行结果同【例 4.2】。

注意：表达式 1、表达式 2、表达式 3 和循环体都可以省略，上述 for 语句可以有下面几种形式。

① 形式一：

```
#include <stdio.h>
void main()
{
    int i=1,sum=0;
    for(;i<=100;i++)                    /*表达式 1 放在 for 前面*/
        sum+=i;
    printf("1+2+3+...+100=%d\n",sum);
}
```

② 形式二：

```
#include <stdio.h>
void main()
{
    int i=1,sum=0;
    for(;i<=100;)                       /*表达式 3 放在 for 循环体中*/
        sum+=i++;
    printf("1+2+3+...+100=%d\n",sum);
}
```

③ 形式三：

```
#include <stdio.h>
void main()
{
    int i=1,sum=0;
    for(;;)                             /*省略循环条件*/
    {
        sum+=i++;
        if(i>100)
        break;                          /*强制结束循环*/
```

```
    }
    printf("1+2+3+...+100=%d\n",sum);
}
```

④ 形式四：

```
#include <stdio.h>
void main()
{
    for(int i=1,sum=0;i<=101;sum+=i++)        /*省略循环体*/
        printf("1+2+3+...+100=%d\n",sum);
}
```

⑤ 形式五：

```
#include <stdio.h>
void main()
{
    for(int i=1,sum=0;sum+=i++,i<=101;)    /*省略表达式 3 和循环体*/
        printf("1+2+3+...+100=%d\n",sum);
}
```

【例 4.6】 计算正整数 n 所有因子（1 和 n 除外）之和。

（1）案例分析。

正整数的因子是指在 1 和此正整数之间的能被此正整数整除的数，因此，循环从 2 到 n－1，找出能被 n 整除的数进行求和即可。

（2）操作步骤。

① 定义一个整型变量 n，用来存放输入的正整数，定义一个整型变量 i，用来存放正整数 n 的因子，初值为 2，定义一个变量 sum 来存放求和的结果，初值为 0；

② 通过键盘输入一个整数，存放在变量 n 中；

③ 执行 for 循环，判断 n 的因子，以及求和；

④ 输出求和的结果。

（3）程序源代码。

```
#include <stdio.h>
void main()
{
    int n,i=2,sum=0;
    printf("请输入一个正整数:");
    scanf("%d",&n);
    for(;i<n;i++)
    {
        if(n%i==0)
```

```
            sum+=i;
        }
        printf("%d 的所有因子求和的结果是%d。\n",n,sum);
    }
```

（4）程序运行结果如图 4.8 所示。

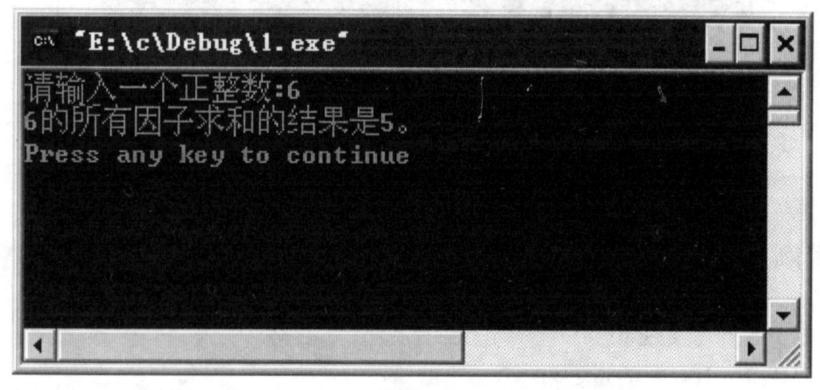

图 4.8

【例 4.7】 给定一个整数 m，判断其是否为素数。

（1）案例分析。

m 是素数的条件是不能被 2，3，……，m－1 整除，假定 m 不是素数，则可以表示为 m=i*j。i<=j，i<= $\sqrt{m}$，j>= $\sqrt{m}$，于是，循环可以在 2～$\sqrt{m}$ 内进行。

（2）程序源代码。

```
#include <stdio.h>
#include <math.h>
void main()
{
    long m,i;
    double sqrtm;
    printf("请输入一个整数:");
    scanf("%ld",&m);
    sqrtm=sqrt(m);
    for(i=2;i<=sqrtm;i++)
    if(m%i==0)break;
    if(sqrtm<i)
    printf("这是一个素数!!!!\n");
    else
    printf("这不是一个素数!!!!\n");
}
```

（3）程序运行结果如图 4.9 所示。

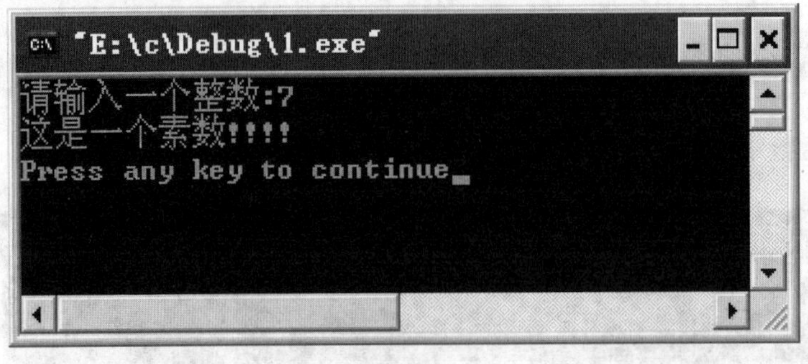

图 4.9

4.3.3 案例练习

（1）使用 for 语句实现 n!

（2）编程求 1～100 中的奇数和。

（3）输出菲波那契数列的前 20 项。即，前两项为 1，以后每一项为前两项之和。（提示：所谓输出菲波那契数列前两项为 1，以后每一项为前两项之和。即 1，1，2，3，5，8……。在程序中变量 number1 和 number2 表示数列的前两项，用 number3 表示前两项的和，然后换位。）

（4）求下面分数序列的前 n 项之和。

$\frac{1}{2},\frac{2}{3},\frac{3}{5},\frac{5}{8},\frac{8}{13}\cdots\cdots$

4.4 循环的嵌套

4.4.1 知识点

一个循环体内又包含另一个完整的循环结构，称为循环的嵌套。内嵌的循环之中还可以嵌套循环，称为多层循环。3 种循环（while 循环、do…while 循环和 for 循环）可以相互嵌套。例如：

（1）while 循环嵌套 while 循环。

```
while()
{
    while()
    {........
    }
}
```

（2）do…while 循环嵌套 do…while 循环。

```
do
{…….
    do
    {
    ……
    }while();
}while();
```

（3）for 循环嵌套 for 循环。

```
for(; ;)
{……
    for(; ;)
    {……..}
}
```

（4）while 循环嵌套 for 循环。

```
while()
{…..
    for()
    {
    …..
    }
…….
}
```

4.4.2 案例解析

【例 4.8】 一个班进行了一次考试，全部一共 4 个小组，每个小组 10 个同学，现要输入全班 4 个小组的学生成绩，计算每一小组的总分与平均分，并输出。

（1）案例分析。

在这一案例中，所要解决的问题是如何求一个小组学生成绩的总分及平均分。一个班有 4 个小组，如果依次求每一个小组的总分以及平均分，显然要写 4 段重复的程序，这是不科学的，因此我们要采用循环再嵌套一个循环来实现。

（2）操作步骤。

① 定义三个整型变量 score、i、sum，并赋初值；

② 定义一个实型变量 avg 来表示平均分；

③ 定义变量 j 并赋初值为 1，代表小组数，从第一个小组开始，执行 while 循环；

④ 赋初值 i=0，sum=0；

⑤ 提示输入本小组 10 个同学的成绩；

⑥ 开始内层 while 循环，输入 10 个同学的成绩，并计算总分；

⑦ 内层循环执行完成，计算平均分，并输出总分及平均分，执行 j++；

⑧ 判断是否满足外层 while 循环的条件，如果满足，再输入第二小组的成绩，直到结束外层循环。

（3）程序源代码。

```
#include <stdio.h>
void main()
{
     int score,i,sum;
     float avg;
     int j=1;
     while(j<=4)
     {
     sum=0;
     i=1;
     printf("请输入第%d 小组学生成绩：\n",j);
         while(i<=10)
         {
             scanf("%d",&score);
             sum=sum+score;
             i++;
         }
     avg=sum/10.0;
     printf("本小组 10 个同学的总分为：%d\n",sum);
     printf("本小组 10 个同学的平均为：%.2f\n",avg);
     j++;
     }
}
```

（4）程序运行结果如图 4.10 所示。

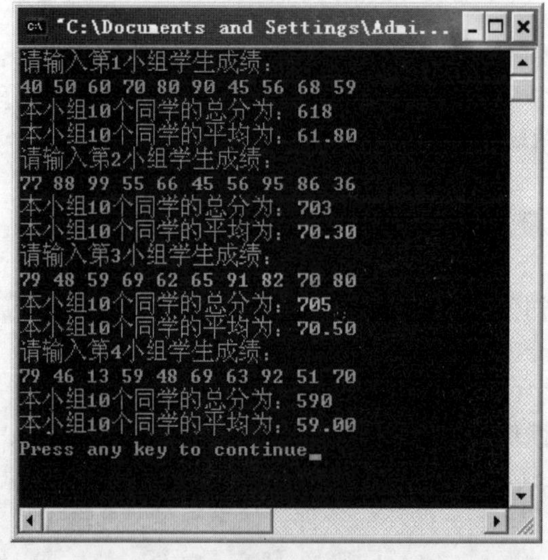

图 4.10

此案例也可以使用其他循环嵌套来实现。

【例 4.9】 百钱买百鸡：有一个老大爷去集贸市场买鸡，他想用 100 元钱买 100 只鸡，而且要求所买的鸡有公鸡、母鸡、小鸡。已知公鸡 5 元一只，母鸡 3 元一只，小鸡 3 只 1 元。请问老大爷要买多少只公鸡、母鸡、小鸡，才能恰好花去 100 元钱，并且买到 100 只鸡？

（1）案例分析。

这是一个古典数学问题，设一百只鸡中公鸡、母鸡、小鸡分别为 x、y、z，问题化为以下三元一次方程组：

$$\begin{cases}5x+3y+z/3=100\,(\text{百钱})\\ x+y+z=100\,(\text{百钱})\end{cases}$$

这里 x、y、z 为正整数，且 z 是 2 的倍数；由于鸡和钱的总数都是 100，可以确定 x、y、z 的取值范围：

① x 的取值范围为 1 ~ 50；

② y 的取值范围为 1 ~ 33；

③ z 的取值范围为 2 ~ 100，步长为 2。

对于这个问题我们可以用穷举的方法，遍历 x、y、z 的所有可能组合，最后得到问题的解。

根据上面的分析，我们可以得到如图 4.11 所示流程图。

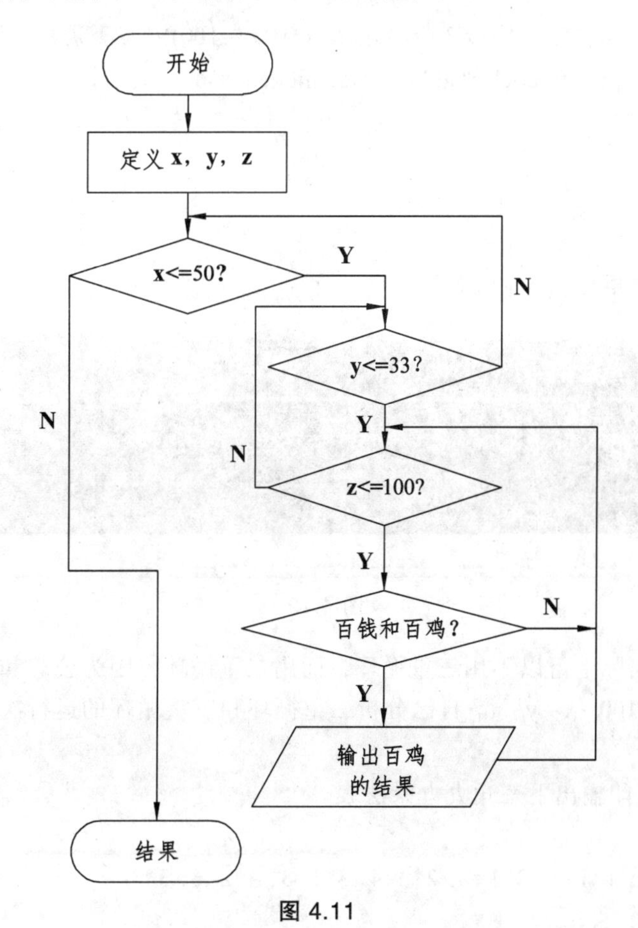

图 4.11

（2）操作步骤。

① 定义三个整型变量 x、y、z，用来表示公鸡、母鸡和小鸡的个数；

② 变量 x 赋初值 1，满足循环条件，开始执行循环；

③ 变量 y 赋初值 1，满足循环条件，开始执行循环；

④ 变量 z 赋初值 2，满足循环条件，开始执行循环；

⑤ 判断是否满足百钱百鸡的条件，如果满足则输出，否则执行表达式 3，重新开始循环。

（3）程序源代码。

```
#include "stdio.h"
void main()
{
    int x,y,z;
    for(x=1;x<=20;x++)
    {
        for(y=1;y<=33;y++)
        {
            for(z=3;z<=99;z+=3)
            {
              if((5*x+3*y+z/3==100)&&(x+y+z==100))/*是否满足百钱和百鸡的条件*/
              printf("cock=%d,hen=%d,chicken=%d\n",x,y,z);
            }
        }
    }
}
```

（4）程序运行结果如图 4.12 所示。

图 4.12

对于这个问题实际上可以不用三重循环，而用二重循环，因为公鸡和母鸡数确定后，小鸡数就定了，即 $z=100-x-y$。请自己分析二重循环和三重循环的运行次数，作为练习自己调试二重循环方法。

【例 4.10】 打印输出下三角九九乘法表。

（1）案例分析。

该乘法表要列出 1*1=1，2*1=2，2*2=4，3*1=3，3*2=6，3*3=9，……，9*1=9，9*2=18……

9*9=81，乘数的范围是 1～9，被乘数的范围是 1 到它本身，因此可以使用两重循环来解决问题，按乘数组织外层循环，i 表示 1～9，按被乘数组织内层循环，j 表示 1～i，从而输出每一行的具体内容。

（2）程序源代码。

```
#include "stdio.h"
void main()
{
      int i,j;
      for(i=1;i<=9;i++)
      {
          for(j=1;j<=i;j++)
          printf("%4d",i*j);
          printf("\n");
      }
}
```

（3）程序运行结果如图 4.13 所示。

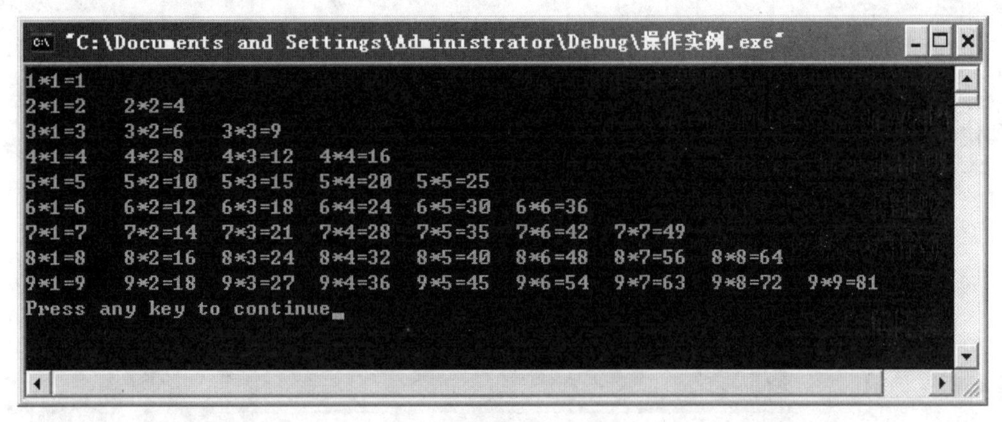

图 4.13

【例 4.11】 显示如图 4.14 所示图形。

```
* * * *
* * * *
* * * *
* * * *
```

图 1.14

（1）案例分析。

该题目要求输出一个 4 行 4 列的星号，也是一个典型的循环嵌套，外层循环 4 次，分别打印 4 行，内层循环，循环一次输出一行星号。

（2）案例分析。

① 定义两个整型变量 i、j;

② 给变量 i 赋初值为 1，代表循环的行数，从第一行开始；

③ 给变量 j 赋初值为 1，输出一行 4 个星号；

④ 回车换行，为下一行输出做准备；

⑤ 执行 i++，从第二行开始，直到循环结束。

（3）程序源代码。

```
#include "stdio.h"
void main()
{
    int i,j;
    for(i=1;i<=4;i++)
    {
        for(j=1;j<=4;j++)
        printf("* ");
        printf("\n");
    }
}
```

（4）程序运行结果如图 4.15 所示。

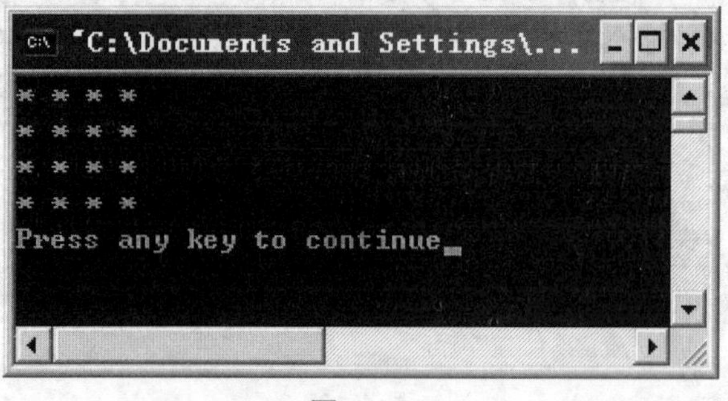

图 4.15

【例 4.12】 显示如图 4.16 所示图形。

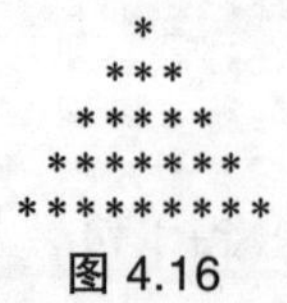

图 4.16

（1）案例分析。

题目要求的三角形由 5 行组成，因此程序中外层循环应为 5 次，每一次输出一行。而“输出一行”又分为三项工作：

① 输出若干空格；

② 输出若干星号；

③ 回车换行，为新的一行的输出做准备。

现在要解决的问题是如何输出每一行应该输出的空格数和字符“*”的数目，以及如果通过循环来实现他们的输出。分析见表 4.1。

表 4.1　应输出的空格和字符“*”的数目

行号	应输出的空格	应输出的“*”
1	5	1
2	4	3
3	3	5
4	2	7
5	1	9
i	6－i	2*i－1

（2）程序源代码。

```
#include "stdio.h"
void main()
{
    int i,j;
    for(i=1;i<=5;i++)
    {
        for(j=1;j<=6-i;j++)
            printf(" ");
        for(j=1;j<=2*i-1;j++)
        printf("*");
        printf("\n");
    }
}
```

（3）程序运行结果如图 4.17 所示。

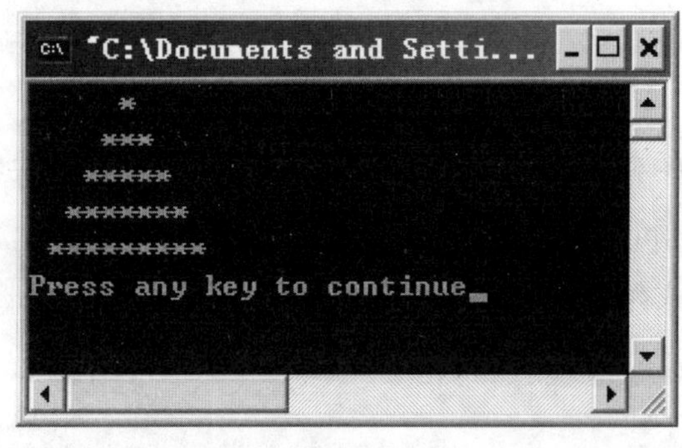

图 4.17

4.4.3 案例练习

（1）给定 n 的值，求 1+（1+2）+（1+2+3）+…+（1+2+3+…n）的和。（提示：本例是一个数列求和，要认真观察数列中和数列项变化的规律，在此数列中，数列项是一个不断变化的求和，所以数列项的求取必须使用循环语句，整个数列的求和也需要一个循环，所以此数列必须使用循环的嵌套。）

（2）打印如图 4.18 所示三角形。（提示：该三角形多行、多列，需要使用二重循环来实现。）

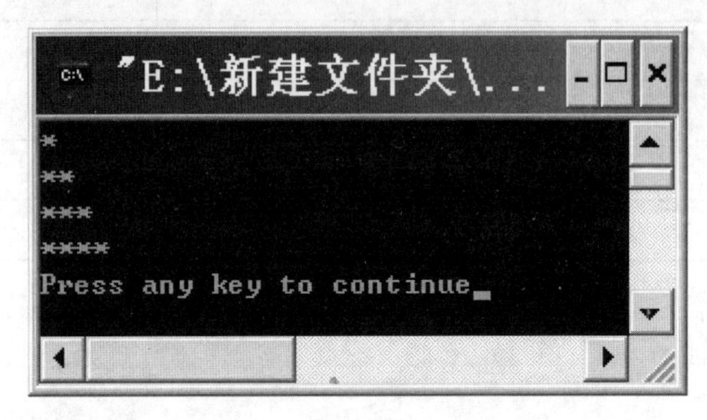

图 4.18

（3）求 1！+2！+3！+…+10！的和。（提示：此题可以用单循环或双循环的方法解决。若用单循环，此题后项与前项的关系是 t=t*i，i 为项数；若用双循环，外层循环表示 n 从 1 到 10 变化，内循环是对每一个 n 求 n!。）

4.5 break 语句和 continue 语句

4.5.1 知识点

break 语句和 continue 语句用于跳出循环，其中，break 语句完全从循环中跳出，continue 语句只是结束本次循环。

1. break 语句

break 语句可以用在循环语句和 switch 语句中。在循环语句中用来结束内部循环；在 switch 语句中用来跳出 switch 语句。

break 语句的一般形式为：

```
break;
```

其流程图如图 4.19 所示。

2. continue 语句

continue 语句的作用是结束本次循环，忽略 continue 后面的语句，进行下一次循环。continue 语句的一般形式为：

```
continue;
```

其流程图如图 4.20 所示。

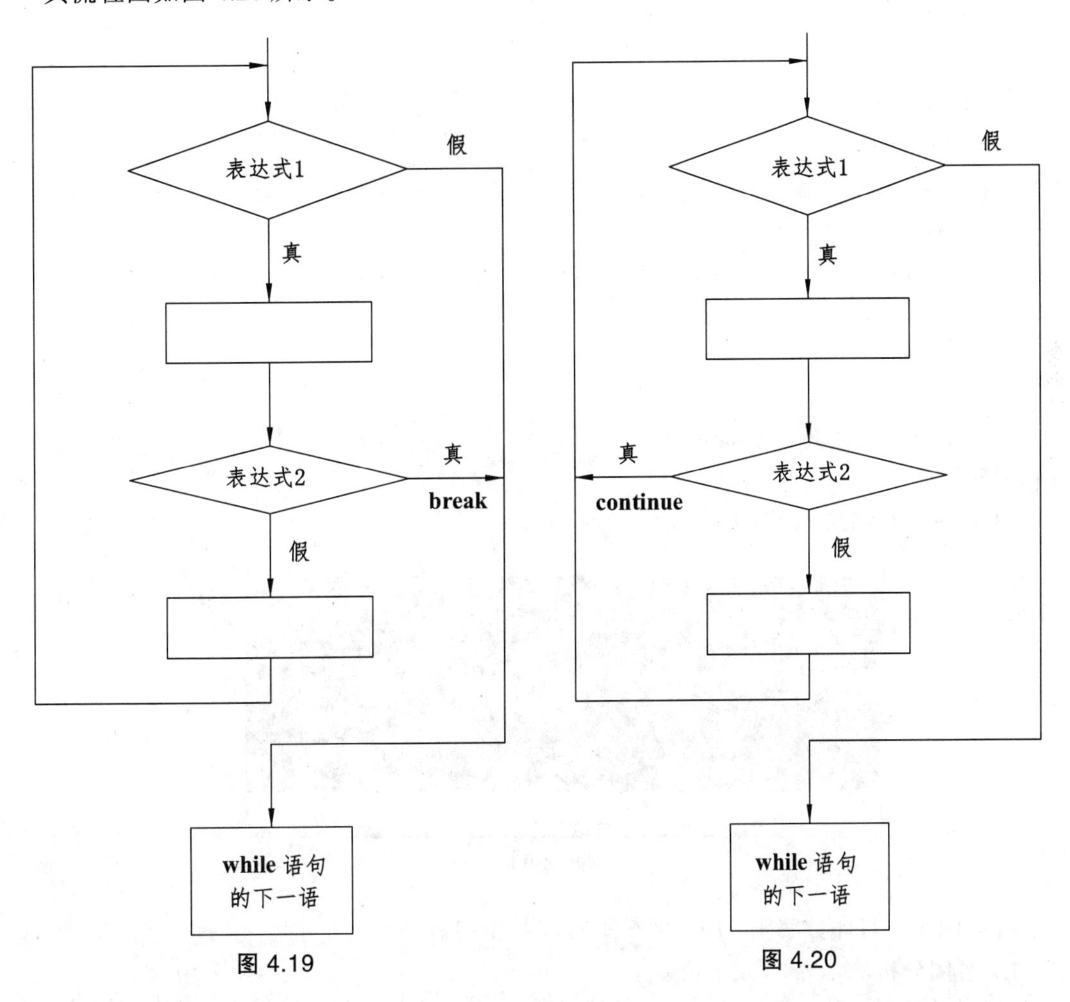

图 4.19　　　　图 4.20

4.5.2　案例解析

【例 4.13】　已知 sum=1+2+3+…+i+…，求 sum 大于 20 时，i 的最小值。

（1）案例分析。

此题可以使用表达式 sum<20 来结束循环，也可以将循环结束的判断放在循环体中，就要使用 break 语句。

（2）操作步骤。

① 定义两个变量 i、sum，并分别赋初值为 0 和 0；

② 开始循环，判断是否满足循环的条件；

③ 执行循环体，i++，sum+=，判断 sum 是否大于 20，当 sum 大于 20，则执行 break，跳出整个循环；

④ 输出最小的数字 i。

（3）程序源代码。

```
#include "stdio.h"
void main()
{
    int i=0,sum=0;
    while(i<50)
    {
        i++;
        sum+=i;
        if(sum>20)
        break;
    }
    printf("最小的数字为%d\n",i);
}
```

（4）程序运行结果如图 4.21 所示。

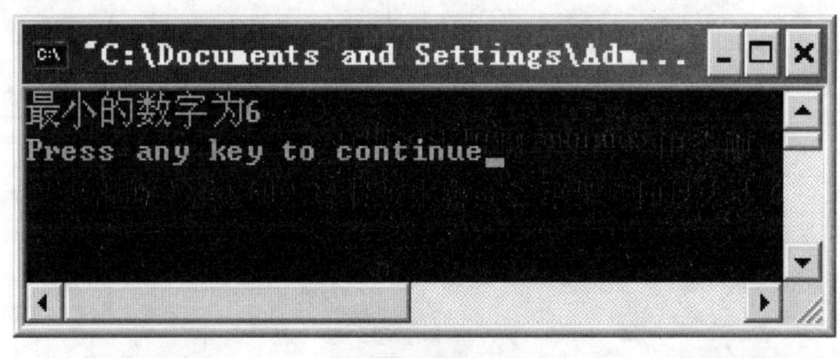

图 4.21

【例 4.14】　打印数字 1 ~ 10，但是不打印其中的数字 5。

（1）案例分析。

此例可以很巧妙地使用 continue 将 5 不打印出来，而将其他数字输出。在循环语句中，依次判断其是否为 5，如果不是则输出，如果是 5，则不输出。

（2）操作步骤。

① 定义一个整型变量 x；

② 变量 x 赋初值 1，开始循环；

③ 判断 x 是否等于 5，如果不等于 5，输出 x，等于 5，则执行 continue，进行下一次循环，直到结束循环。

（3）程序源代码。

```
#include <stdio.h>
void main()
```

```
{
    int x;
    for(x=1;x<=10;x++)
    {
        if(x==5)
        continue;
        printf("%d  ",x);
    }
}
```

（4）程序运行结果如图 4.22 所示。

图 4.22

【例 4.15】 从键盘输入 30 个字符，并统计其中数字字符的个数。

（1）案例分析。

当从键盘输入 30 个字符时，需定义变量来统计数字的个数，如果字符是数字，则变量增加 1，如果不是数字，则采用 continue 跳出本次循环。

（2）操作步骤。

① 定义两个整型变量 sum、i，给 sum 赋初值 0；

② 定义一个字符型变量 ch；

③ 给变量 i 赋初值为 0，开始循环，使用 getchar()函数为变量 ch 赋值，判断其是否为数字，如果是数字，则 sum 累加 1，如果不是数字，则执行 continue，开始下一次循环，直到整个 for 循环结束。

（3）程序源代码。

```
#include "stdio.h"
void main()
{
   int sum=0,i;
   char ch;
   for(i=0;i<30;i++)
   {
     ch=getchar();
     if(ch<'0'||ch>'9')
     continue;
```

```
        sum++;
      }
   printf("%d",sum);
}
```

（4）程序运行结果如图 4.23 所示。

图 4.23

通过这两个例子，我们不难发现：continue 语句只终止本次循环，而不是终止整个循环结构的执行；break 语句是终止循环，不再进行条件判断。

4.5.3 案例练习

（1）从键盘上连续输入字符，并统计其中大写字母的个数，直到输入“换行”字符时结束。（提示：该题目从键盘输入字符，定义变量统计大写字母的个数，如果输入“换行”符，则使用“break”退出循环。）

（2）把 100 ~ 200 之间的不能被 3 整除的数输出。（提示：从 100 开始，判断此数是否能被 3 整除，如果能被 3 整除，则继续寻找，如果不能被 3 整除，则输出此数。）

（3）求从键盘上输入的 10 个数中所有正数之和。（提示：使用 continue 语句将正数相加，负数不参与求和。）

4.6 本章小结

本章是结构化程序设计的最后一章，通过本章的学习，要学会结构化程序设计思想，掌握结构化程序设计的三种基本结构；掌握循环语句的几种形式和使用技巧。

习 题

1. 选择题

（1）执行下面程序段的结果是（　　）。

```
int x=23;
```

```
do
{
      printf("%2d",x--);
}while(!x);
```

A. 打印出 321　　　　B. 打印出 23

C. 不打印任何内容　　　　D. 陷入死循环

（2）执行下面的程序后，a 的值为（　　）。

```
#include "stdio.h"
void main()
{
      int a,b;
      for(a=1,b=1;a<=100;a++)
            {
 if(b>=20) break;
                  if(b%3==1)
                  {
                        b+=3;
                        continue;
                  }
                  b-=5;
            }
      printf("%d",a);
}
```

A. 7　　　　B. 8　　　　C. 9　　　　D. 10

（3）以下程序段的输出结果是（　　）。

```
#include "stdio.h"
void main()
{
      int x=3;
      do
      {
            printf("%3d",x-=2);
      }while(!(--x));
}
```

A. 1　　　　B. 3　0　　　　C. 1　-2　　　　D. 死循环

（4）定义变量：int n=10；则下列循环的输出结果是（　　）。

```
while(n>7)
{
      n--;
```

```
    printf("%d\n",n);
}
```

A. 10 9 8 7　　B. 9 8 7 6　　C. 10 9 8　　D. 9 8 7

（5）设 x 和 y 均为 int 型变量，则执行下面循环后，y 的值为（　　）。

```
for(y=1,x=1;y<=50;y++)
{
    if(x==10) break;
    if(x%2==1)
    {x+=5;continue;}
    x－=3;
}
```

A. 2　　B. 4　　C. 6　　D. 8

2. 程序题

（1）从键盘输入 10 个数，然后分别输出其中的最大值、最小值。

（2）从键盘输入一个整数 n，输出 n 的各位数字之和。例如：n=1234，则输出 10。

（3）求 s=3+33+333+3333+33333+333333+3333333+33333333。

（4）打印出所有的“水仙花”数。所谓“水仙花”数是指一个 3 位数，其各位数字立方和等于该数本身。

（5）猴子吃桃问题。猴子第一天摘下若干个桃子，当即吃了一半，还不过瘾，又多吃了一个，第二天早上又将剩下的桃子吃掉一半，又多吃了一个。以后每天早上都吃了前一天剩下的一半零一个。到第 10 天早上想再吃时，见只剩下一个桃子了。求第一天共摘了多少个桃子。

（6）打印如题图 4.1 所示数字金字塔。

（7）打印如题图 4.2 所示菱形。

题图 4.1　　题图 4.2

（8）求阶梯数：有一条长阶梯，若每步跨 2 阶，则最后剩 1 阶；若每步跨 3 阶，则最后剩 2 阶；若每步跨 5 阶，则最后剩 4 阶；若每步跨 6 阶，则最后剩 5 阶；只有每步跨 7 阶才一阶不剩。请计算这条阶梯有多少阶？

第5章 数 组

【学习目标】

☞ 了解数组的意义；

☞ 掌握一维数组的定义和使用技巧；

☞ 掌握二维数组的定义、存储和引用。

【知识要点】

🕮 一维数组的定义、存储和引用；

🕮 二维数组的定义、存储和引用；

🕮 字符数组的定义、存储和引用。

在现实生活中，往往存在这样一些问题，例如，某班有40名学生，考8门课程，现要求将所有考试成绩保存起来以供处理：显示、求总分、求每门课程的平均分、排名次等。很显然，对于这320个原始数据用简单变量来存放，并进行相应的处理是不现实的，必须采用一种新的结构，即数组。

在程序设计中，为了处理方便，把具有相同类型的若干变量按有序的形式组织起来。这些按序排列的同类数据元素的集合称为数组。在C语言中，数组属于构造数据类型。一个数组可以分解为多个数组元素，这些数组元素可以是基本数据类型或是构造类型。因此，按数组元素的类型不同，数组又可分为数值数组、字符数组、指针数组、结构数组等各种类别。本章介绍数值数组和字符数组，其余的在以后各章陆续介绍。

5.1 一维数组

5.1.1 知识点

1. 一维数组的定义

用一个统一的标识符，即数组名来标识一组变量（也称元素），用下标来指示数组中元素的序号。数组中每个元素只带有一个下标的数组称为一维数组。

例如，用A[0]、A[1]、A[2]、A[3]、A[4]分别表示5个学生的成绩，可以组成一个表示成绩的一维数组。必须强调，同一数组中所有元素必须属于同一数据类型，每个数组元素实际上是带下标的变量。

在C语言中使用数组必须首先定义。一维数组的定义方式为：

类型说明符　数组名[整型常量表达式]…;

其中：类型说明符是任一种基本数据类型或构造数据类型；数组名是用户定义的数组标识符；方括号中的整型常量表达式表示数据元素的个数，也称为数组的长度，可以为2*3+5等。

例如：

```
int a[10];
```

定义了一个整型数组，元素个数为10，下标分别为0～9。一维数组下标从0开始，不能使用数组元素a[10]。编译程序在编译时为数组a分配了10个连续的存储单元，每个单元占用两个字节。其存储情况如下所示。

2000	2002	2004	2006	2008	2010	2012	2014	2016	2018	内存地址
a[0]	a[1]	a[2]	a[3]	a[4]	a[5]	a[6]	a[7]	a[8]	a[9]	数组元素

注意：

（1）数组的类型实际上是指数组元素的取值类型。对于同一数组，其所有元素的类型都是相同的。

（2）数组名的书写规则应符合标识符的书写规则。

（3）数组名不能与其他变量名相同。例如：

```
void main()
{
    int a;
    float a[10];
  ……
}
```

（4）方括号中常量表达式表示数组元素的个数，如a[5]表示数组a有5个元素，但是其下标从0开始计算。因此5个元素分别为a[0]，a[1]，a[2]，a[3]，a[4]。

（5）不能在方括号中用变量来表示元素的个数，但是可以是符号常数或常量表达式。例如：

```
#define FD 5
void main()
{
int a[3+2],b[7+FD];
……
}
```

这种定义是合法的。但是下述说明方式是错误的。

```
void main()
{
int n=5;
    int a[n];
```

```
    ……
}
```

（6）允许在同一类型说明中，说明多个数组和多个变量。例如：

int a，b，c，d，k1[10]，k2[20]；

2. 一维数组的引用

使用数组必须先定义，然后引用。C 语言规定，不能引用整个数组，只能逐个引用元素。数组元素引用方式为：

数组名[下标]

其中，下标只能为整型常量或整型表达式。如为小数时，C 编译将自动取整。例如：

a[5]、a[5－2]、a[i]。

注意：

（1）由于数组元素本身等价于同一类型的一个变量，因此，对变量的任何操作都适用于数组元素。

（2）在引用数组元素时，下标可以是整型常数或表达式，表达式内允许变量存在。在定义数组时，下标不能使用变量。

（3）在引用数组元素时，下标最大值不能出界。也就是说，若数组长度为 n，下标最大值为 n－1。若出界，编译时并不给出错误信息，程序还是可以运行，但破坏了数组以外其他变量的值，可能会造成严重的后果。因此，必须注意数组边界的检查。

（4）在 C 语言中只能逐个地使用下标变量，而不能一次引用整个数组。例如，输出有 10 个元素的数组必须使用循环语句逐个输出各下标变量：

```
for(i=0; i<10; i++)
    printf("%d",a[i]);
```

而不能用一个语句输出整个数组。下面的写法是错误的：

```
printf("%d",a);
```

3. 一维数组的初始化

给数组赋值除了用赋值语句对数组元素逐个赋值的方法外，还可采用初始化赋值和动态赋值的方法。

数组初始化赋值是指在数组定义时给数组元素赋初值。数组初始化是在编译阶段进行的，这样将减少运行时间，提高效率。

初始化赋值的一般形式为：

类型说明符 数组名[常量表达式]={值，值，……，值}；

其中，在{}中的各数据值即为各元素的初值，各值之间用逗号间隔。例如：

```
int a[10]={0,1,2,3,4,5,6,7,8,9};
```

相当于

```
a[0]=0;a[1]=1...a[9]=9;
```

注意：

（1）可以只给部分元素赋初值。当{}中值的个数少于元素个数时，只给前面部分元素赋值。例如：

```
int a[10]={0,1,2,3,4};
```

表示只给 a[0] ~ a[4]前 5 个元素赋值，而后 5 个元素自动赋 0 值。

（2）只能给元素逐个赋值，不能给数组整体赋值。例如，给 10 个元素全部赋 1 值，只能写成：

```
int a[10]={1,1,1,1,1,1,1,1,1,1};
```

而不能写成：

```
int a[10]=1;
```

（3）如果给全部元素赋值，则在数组说明中可以不给出数组元素的个数。例如：

```
int a[5]={1,2,3,4,5};
```

可写成：

```
int a[]={1,2,3,4,5};
```

5.1.2　案例解析

【例 5.1】　输入 10 个学生的成绩，并输出。

（1）案例分析。

该案例要输入 10 个学生的成绩，是处理一组相同类型数据，这就要求使用数组来完成。

（2）操作步骤。

① 定义一个整型变量 i，以及一个整型数组 a，包含 10 个元素；

② 给出提示信息；

③ 开始循环，变量 i 的初值为 1，满足循环条件，输入数组 a[0]的值，一共循环 10 次，依次通过键盘输入数组元素的值；

④ 给出提示信息；

⑤ 通过 10 次循环完成数组元素的输出。

（3）程序源代码。

```
#include "stdio.h"
void main()
{
    int i,a[10];
    printf("输入数组元素：");
    for(i=0;i<10;i++)
    scanf("%d",&a[i]);
    printf("输出数组元素：");
    for(i=0;i<10;i++)
    printf("%3d",a[i]);
    printf("\n");
}
```

（4）程序运行结果如图 5.1 所示。

图 5.1

【例 5.2】 输入 10 个整型数据，找出其中的最大值并显示出来。

（1）案例分析。

首先定义一个数组，通过键盘给数组元素赋值，并假设第一个元素的值为最大值 max，利用循环语句依次将其他元素与 max 进行比较，如果比 max 大，则将该元素赋值给 max。

（2）操作步骤。

① 定义一个整型数组 a，包含 10 个元素，定义两个整型变量 max、i；

② 通过 for 循环为数组元素赋初值；

③ 把 a[0]赋给 max；

④ 通过 9 次循环把 a[1] ~ a[9]依次与 max 进行比较，如果比 max 大，则将该元素赋给 max。

⑤ 输出 max。

（3）程序源代码。

```
#include   <stdio.h>
void main()
{
    int a[10],max,i;
    for(i=0;i<10;i++)
        scanf("%d",&a[i]);
    max=a[0];
    for(i=1;i<10;i++)
        if(max<a[i])
            max=a[i];
    printf("最大值是：%d\n",max);
}
```

（4）程序运行结果如图 5.2 所示。

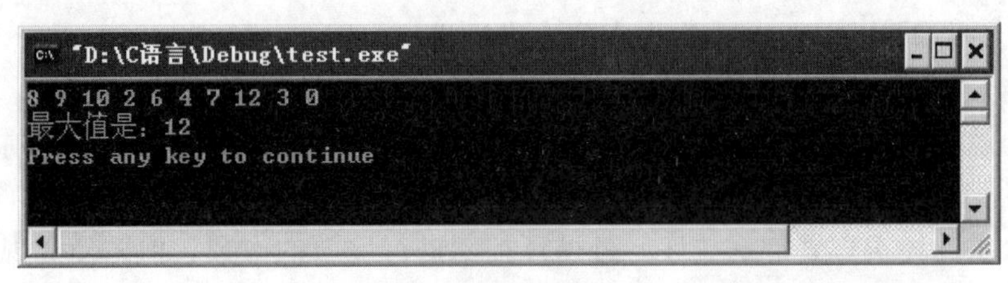

图 5.2

（5）思考。如何处理求一维数组的最小值、平均值？

【例 5.3】 输出菲波那契数列（1，1，2，3，5，8，13……）的前 20 项。

（1）案例分析。

注意观察数列的规律，首先，该数列都是整型数据，符合数组的特征，其次，该数列除了第一个数和第二个数为 1 外，其余每个数都是前两个数之和。

（2）操作步骤。

① 定义整型变量 i，以及整型数组 f，包含 20 个元素，第 1、2 个元素均赋初值为 1；

② 开始 for 循环，i 的初值为 2，从数组的第 3 个元素开始，为 f[2] ~ f[19]赋值；

③ 通过 for 循环输出数组前 20 项。

（3）程序源代码。

```
#include <stdio.h>
void main()
{
      int i,f[20]={1,1};
      for(i=2;i<20;i++)
         f[i]=f[i-1]+f[i-2];
      for(i=0;i<20;i++)
         {
         printf("%d ",f[i]);
         }
      printf("\n");
}
```

（4）程序运行结果如图 5.3 所示。

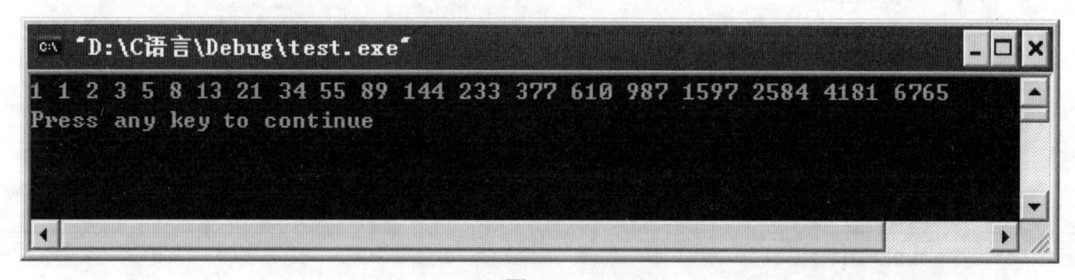

图 5.3

以上三个实例均是对一维数组的简单使用，我们不难发现，一维数组通常配合 for 循环语句来使用。

【例 5.4】 用冒泡法对 10 个数由大到小进行排序。

（1）案例分析。

冒泡法的思想是：n 个数排序，将相邻两个数依次进行比较，将大数调到前头，逐次比较，直至将最小的数移至最后，然后再将 $n-1$ 个数继续比较，重复上面操作，直至比较完成。

可采用双重循环实现冒泡法排序，外循环控制进行比较的次数，内循环实现找出最小的数，并放在最后位置上。

n 个数进行从大到小排序（降序排序），外层循环 n 个元素需要进行 $n-1$ 趟，内层循环每次比较出当前数据中的最小值，交换放在最后位置上。对{7，5，9，6，12}这 5 个元素进行冒泡排序，外层循环需要 4 趟，排序过程如图 5.4 所示。

原始状态	7	5	9	6	12	
第一趟	7	9	6	12	**5**	5 沉底
第二趟	9	7	12	**6**		6 沉底
第三趟	9	12	**7**			7 沉底
第四趟	12	**9**				9 沉底
最终状态	12	9	7	6	5	

图 5.4

（2）操作步骤。

① 定义 1 个整型数组 a 以及 3 个整型变量；

② 给出提示信息；

③ 采用 for 循环完成一维数组元素的输入；

④ 采用双重循环实现排序，外循环控制循环的次数，循环 9 次，内层循环使相邻的两个数进行大小比较，前一个数比后一个数小，则交换位置，否则不交换；

⑤ 输出一维数组的各个元素。

（3）程序源代码。

```
#include <stdio.h>
void main()
{
    int a[10],i,j,temp;
    printf("请输入 10 个元素：");
    for(i=0;i<10;i++)
        scanf("%d",&a[i]);
    for(i=0;i<9;i++)
    {
        for(j=0;j<9-i;j++)
        if(a[j]<a[j+1])
        {
            temp=a[j];
            a[j]=a[j+1];
            a[j+1]=temp;
        }
    }
    printf("按照从大到小的顺序排列:");
    for(i=0;i<10;i++)
```

```
        printf("%d ",a[i]);
    printf("\n");
}
```

（4）程序运行结果如图 5.5 所示。

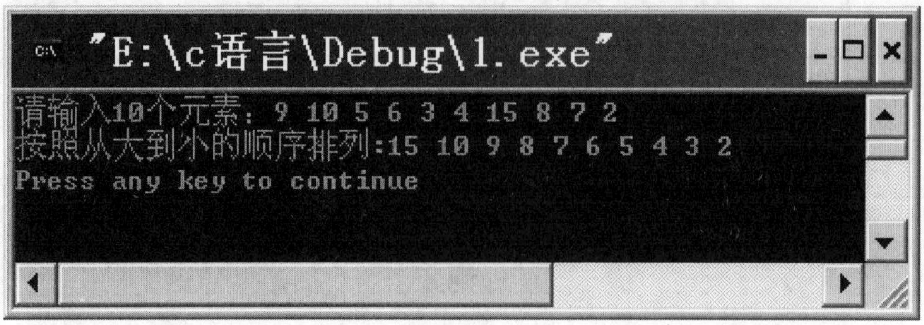

```
"E:\c语言\Debug\1.exe"
请输入10个元素：9 10 5 6 3 4 15 8 7 2
按照从大到小的顺序排列:15 10 9 8 7 6 5 4 3 2
Press any key to continue
```

图 5.5

【例 5.5】 用选择法对 10 个数由大到小进行排序。

（1）案例分析。

选择排序法的思想是：首先定义一个数组，10 个元素。第一次循环，把数组中的 a[0]与 a[1]～a[9]进行比较，若 a[0]比 a[1]～a[9]都大，则不进行交换，若 a[1]～a[9]中有 1 个以上比 a[0]大，则将其中最大的一个与 a[0]交换，这样，a[0]中存放了 10 个数中最大的数，以此类推，10 个数进行 9 次比较，即可按照由大到小的顺序排列。

（2）操作步骤。

① 定义 1 个整型数组 a 以及 3 个整型变量；

② 给出提示信息；

③ 采用 for 循环完成一维数组元素的输入；

④ 采用双重循环实现排序，外层循环第 1 次，内层循环把 a[0]与 a[1]～a[9]依次比较，如果哪个元素比 a[0]大，实现两个数的交换，循环完成，a[0]存放了 10 个数中的最大数，以此类推，外层循环执行 9 次，每一次都将比较大的数放在 a[i]，实现排序；

⑤ 输出一维数组的各个元素。

（3）程序源代码。

```
#include <stdio.h>
void main()
{
    int a[10],i,j,temp;
    printf("请输入 10 个元素：");
    for(i=0;i<10;i++)
        scanf("%d",&a[i]);
    for(i=0;i<9;i++)
    {
        for(j=i+1;j<10;j++)
```

```
        if(a[i]<a[j])
        {
            temp=a[i];
            a[i]=a[j];
            a[j]=temp;
        }
    }
    printf("按照从大到小的顺序排列:");
    for(i=0;i<10;i++)
        printf("%d ",a[i]);
    printf("\n");
}
```

（4）程序运行结果如图 5.6 所示。

图 5.6

5.1.3 案例练习

（1）从键盘输入 10 个同学的成绩，计算其平均成绩。

（2）从键盘输入 10 个整数，求其中的最大数、最小数及其下标。

（3）从键盘输入 10 个整数，检查整数 3 是否包含在这些数据中，若是的话，它是第几个被输入的。

（4）输入 10 个数存入一维数组，然后再按逆序重新存放后输出。

5.2 二维数组

5.2.1 知识点

1. 二维数组的定义

前面介绍的数组只有一个下标，称为一维数组，其数组元素也称为单下标变量。在实际问题中有很多量是二维的或多维的，因此C语言允许构造多维数组。多维数组元素有多个下标，以标识它在数组中的位置，所以也称为多下标变量。本小节只介绍二维数组，多维数组可由二维数组类推而得到。

二维数组定义的一般形式为：

类型说明符 数组名[常量表达式 1][常量表达式 2];

其中，常量表达式1表示第一维下标的长度，常量表达式2表示第二维下标的长度。

例如：

int a[3][4];

定义了一个三行四列的数组，数组名为a，其下标变量的类型为整型。共有 $3 \times 4=12$ 个元素，即：

a[0][0]，a[0][1]，a[0][2]，a[0][3]

a[1][0]，a[1][1]，a[1][2]，a[1][3]

a[2][0]，a[2][1]，a[2][2]，a[2][3]

二维数组在概念上是二维的，即其下标在两个方向上变化，下标变量在数组中的位置也处于一个平面之中，而不是像一维数组只是一个向量。但是，实际的硬件存储器却是连续编址的，也就是说存储器单元是按一维线性排列的。如何在一维存储器中存放二维数组，可有两种方式：一种是按行排列，即放完一行之后顺次放入第二行；另一种是按列排列，即放完一列之后再顺次放入第二列。

在C语言中，二维数组是按行排列的。即：先存放a[0]行，再存放a[1]行，最后存放a[2]行。每行中有4个元素，也是依次存放。由于数组a说明为int类型，该类型占两个字节的内存空间，所以每个元素均占有两个字节。

2. 二维数组的引用

C语言规定，不能引用整个数组，只能逐个引用元素。

二维数组中各个元素可看作具有相同数据类型的一组变量。因此，对变量的引用及一切操作，同样适用于二维数组元素。二维数组元素引用的格式为：

数组名 [下标][下标]

注意：

（1）下标应为整型常量或整型表达式。

（2）二维数组的引用和一维数组的引用类似，下标从0开始，下标不要超过数组的范围。

例如：a[3][4]表示a数组行下标为3，列下标为4的元素。

下标变量和数组说明在形式中有些相似，但这两者具有完全不同的含义。数组说明的方括号中给出的是某一维的长度，即可取下标的最大值；而数组元素中的下标是该元素在数组中的位置标识。前者只能是常量，后者可以是常量、变量或表达式。

3. 二维数组的初始化

二维数组的初始化也是在类型说明时给各下标变量赋以初值。二维数组可按行分段赋值，也可按行连续赋值。可以有以下4种方法对二维数组进行初始化。

（1）将所有数据写在一个大括号内，以逗号分隔，按数组元素在内存中的排列顺序对其赋值。例如：

int a[2][3]={1,2,3,4,5,6}；

（2）分行对数组元素赋值。例如：

int a[2][3]={{1,2,3},{4,5,6}}；

（3）对部分元素赋值。例如：

int a[2][3]={{1},{4}}；

表示对各行的第一个元素赋值，其余元素均赋值为 0。如下：

$$\begin{bmatrix} 1 & 0 & 0 \\ 4 & 0 & 0 \end{bmatrix}$$

（4）如果对全部元素赋值，则第一维的长度可以不指定，但必须指定第二维的长度。例如：

int a[][3]={1,2,3,4,5,6}；　　等价于　int a[2][3]={1,2,3,4,5,6}；

注意：

数组是一种构造类型的数据。二维数组可以看作是由一维数组的嵌套而构成的。设一维数组的每个元素都又是一个数组，就组成了二维数组。当然，前提是各元素类型必须相同。根据这样的分析，一个二维数组也可以分解为多个一维数组。C 语言允许这种分解。如二维数组 a[3][4]，可分解为三个一维数组，其数组名分别为 a[0]、a[1]、a[2]。

对这三个一维数组不需另作说明即可使用。这三个一维数组都有 4 个元素，例如：一维数组 a[0]的元素为 a[0][0]、a[0][1]、a[0][2]、a[0][3]。

必须强调的是，a[0]、a[1]、a[2]不能当作下标变量使用，它们是数组名，不是一个单纯的下标变量。

5.2.2 案例解析

【例 5.6】 通过键盘输入数据，给二行三列的二维数组赋初值并输出。

（1）案例分析。

本案例练习对二维数组各元素的赋值方法。利用循环语句依次对二维数组各个元素进行赋值并输出。

（2）操作步骤。

① 定义一个二维数组 a[2][3]，两个整型变量 i、j；

② 给出提示信息；

③ 采用双重循环完成二维数组各个元素的输入；

④ 采用双重循环输出二维数组各个元素的值。

（3）程序源代码。

```
#include <stdio.h>
void main()
{
    int a[2][3],i,j;
    printf("输入二维数组元素的值：\n");
    for(i=0;i<2;i++)
```

```
        for(j=0;j<3;j++)
          scanf("%d",&a[i][j]);
    printf("输出二维数组元素的值：\n");
    for(i=0;i<2;i++)
        for(j=0;j<3;j++)
          printf("a[%d][%d]=%d\n",i,j,a[i][j]);
}
```

（4）程序运行结果如图 5.7 所示。

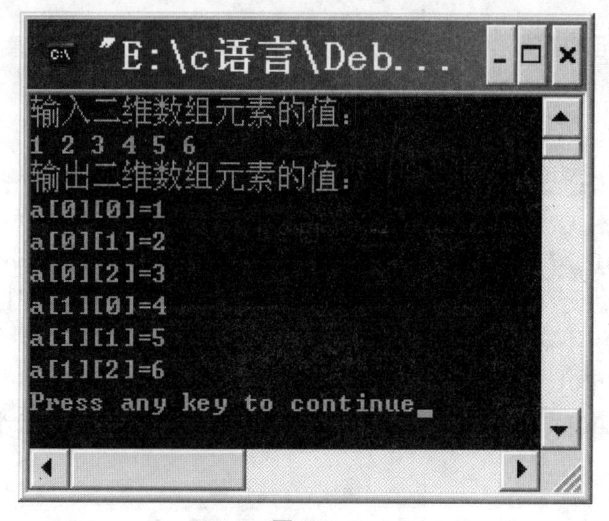

图 5.7

【例 5.7】 有一个 3×4 矩阵，要求编写程序求出矩阵中所有元素中的最大值，并找出其所在位置，即行号和列号。

（1）案例分析。

二维数组用来处理矩阵是再合适不过了，可以定义一个 3 行 4 列的二维数组存储一个 3×4 矩阵，然后在这 12 个元素中寻找最大值即可。此题要求输出行号和列号，那么就要使用一个二重循环，分别处理行和列。

（2）操作步骤。

① 定义 i、j 控制循环，二维数组 a[3][4]，变量 row 记录行号，col 记录列号，max 存储最大值；

② 给出提示语句；

③ 采用二重循环为二维数组赋初值；

④ 把数组的第一个数 a[0][0]赋给 max；

⑤ 采用二重循环遍历二维数组全部元素，如果 a[i][j]大于 max，则把 a[i][j]赋给 max，i 赋给 row，j 赋给 col；

⑥ 输出最大数 max 以及 row、col。

（3）程序源代码。

```
#include <stdio.h>
```

```
void main()
{
    int i,j,a[3][4],row=0,col=0,max;
    printf("输入二维数组元素：\n");
    for(i=0;i<3;i++)
      for(j=0;j<4;j++)
          scanf("%d",&a[i][j]);
    max=a[0][0];
    for(i=0;i<3;i++)
      for(j=0;j<4;j++)
          if(a[i][j]>max)
          {
              max=a[i][j];
              row=i;
              col=j;
          }
    printf("最大的数是%d，其行号是%d，其列号是%d。\n",max,row,col);
}
```

（4）程序运行结果如图 5.8 所示。

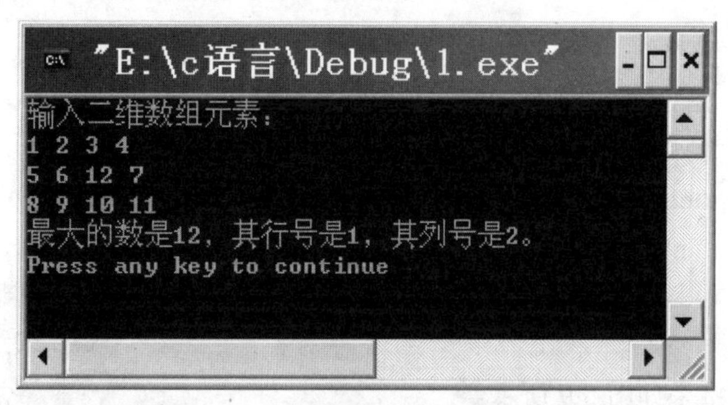

图 5.8

【例 5.8】 将一个二维数组 a 的行和列元素互换后，存放到另一个二维数组 b 中。

$$a=\begin{bmatrix}1 & 2 & 3\\4 & 5 & 6\end{bmatrix} \qquad b=\begin{bmatrix}1 & 4\\2 & 5\\3 & 6\end{bmatrix}$$

（1）案例分析。

在处理关系到行和列的二维数组问题时，都要使用二重循环分别处理二维数组的行和列。

（2）操作步骤。

① 定义一个二维数组 a[2][3]，并赋初值；

② 定义一个二维数组 b[3][2]，两个变量 i、j；

③ 采用二重循环完成数组 a 的显示以及数组 b 的赋值；

④ 采用二重循环完成数组 b 的显示。

（3）程序源代码。

```
#include <stdio.h>
void main()
{
int a[2][3]={{1,2,3},{4,5,6}};
    int b[3][2],i,j;
    printf("数组 a:\n");
    for(i=0;i<=1;i++)
    {
         for(j=0;j<=2;j++)
         {
             printf("%5d",a[i][j]);
             b[j][i]=a[i][j];
         }
         printf("\n");
    }
    printf("数组 b:\n");
    for(i=0;i<=2;i++)
    {
        for(j=0;j<=1;j++)
            printf("%5d",b[i][j]);
        printf("\n");
    }
}
```

（4）程序运行结果如图 5.9 所示。

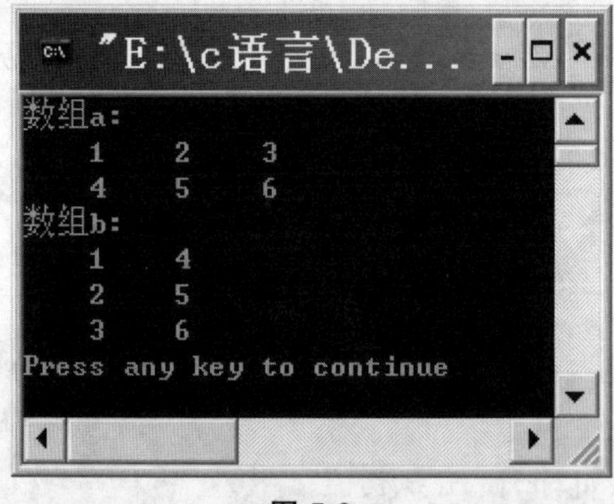

图 5.9

5.2.3 案例练习

（1）一个学习小组有 5 个人，每个人有三门课的考试成绩，见表 5.1。求全组分科的平均成绩和各科总平均成绩。

表 5.1 成绩表

	张	王	李	赵	周
Math	80	61	59	85	76
C	75	65	63	87	77
Foxpro	92	71	70	90	85

（提示：可设一个二维数组 a[3][5]，用来存放 5 个人三门课的成绩。再设一个一维数组 v[3]用来存放所求得各分科平均成绩，设变量 average 为全组各科总平均成绩。）

（2）通过循环按行顺序为一个 5×5 的二维数组 a 赋 1～25 的自然数，然后输出该数组的下三角矩阵。

5.3 字符数组

字符数组是用来存放字符的数组，字符数组中的一个元素存放一个字符。

字符数组分为一维字符数组和多维字符数组。一维字符数组常用于存放一个字符串，二维字符数组常用于存放多个字符串，可以看作是一维字符串数组。

5.3.1 字符数组

1. 字符数组的定义

字符数组也是数组，只是数组元素的类型为字符型。所以字符数组的定义、初始化，字符数组数组元素的引用与一般的数组类似（定义时类型说明符为 char，初始化使用字符常量或相应的 ASCII 码值，赋值使用字符型的表达式，凡是可以用字符数据的地方也可以引用字符数组的元素）。

定义字符数组的一般格式为

```
char 数组名[常量表达式];
```

例如：

```
char c1[10],str[5][10];
```

2. 字符数组的初始化

对字符数组初始化有以下两种情况：

（1）可以对数组元素逐个初始化。例如：

```
char a[10]={'c','h','i','n','a'};
```

初值个数可以少于数组长度，多余元素自动为'\0'（'\0'是二进制 0）。指定初值时，若未指定数组长度，则长度等于初值个数。

例如：

```
char a[]={'c','h','i','n','a'};
```

（2）用字符串对数组初始化。

例如：

```
char a[10]={"china"};    等价于   char a[10]="china";
```

5.3.2 字符串

1. 字符串与字符数组

字符串（字符串常量）：字符串是用双引号括起来的若干有效的字符序列。C 语言中，字符串可以包含字母、数字、符号、转义符。

字符数组：存放字符型数据的数组。它不仅用于存放字符串，也可以存放一般的，对一般读者看来毫无意义的字符序列。

C 语言没有提供字符串变量（存放字符串的变量），对字符串的处理常常采用字符数组实现。C 语言许多字符串处理库函数既可以使用字符串，也可以使用字符数组。

为了处理字符串方便，C 语言规定以'\0'（ASCII 码为 0 的字符）作为“字符串结束标志”。如果不是处理字符串，字符数组中可以没有字符串结束标志。

例如：

```
char str1[]={'C','H','I','N','A'};
```

str1：字符数组，占用空间 5 个字节。

C	H	I	N	A

char str2[]="CHINA"；占用空间 6 个字节。

C	H	I	N	A	'\0'

2. 字符数组的初始化

字符数组的初始化除了一般数组的初始化方法外，还增加了一些方法。

（1）以字符常量的形式对字符数组初始化。

注意：这种方法，系统不会自动在最后一个字符后加'\0'。

例如：

```
char str1[]={'C','H','I','N','A'};
```

或者

```
char str1[5]={'C','H','I','N','A'};
```

没有结束标志。如果要加结束标志，必须明确指定。

```
char str1[]={'C','H','I','N','A','\0'};
```

（2）以字符串（常量）的形式对字符数组初始化（系统会自动在最后一个字符后加'\0'）。

例如：

```
char str1[]={"CHINA"};
```

或者

```
char s1[6]="CHINA";
char str2[80]={"CHINA"};
```

或者

```
char s2[80]="CHINA";
```

3. 字符数组的输入、输出

字符数组的输入、输出有两种形式：逐个字符输入、输出，整串输入、输出。

（1）逐个字符输入、输出：采用“%c”格式说明和循环，像处理数组元素一样输入、输出一个字符。

说明：

① 格式化输入是缓冲读，必须在接收到“回车”时，scanf才开始读取数据。

② 读字符数据时，“空格”、“回车”都保存进字符数组。

③ 如果按“回车”键时，输入的字符少于scanf循环读取的字符，scanf继续等待用户将剩下的字符输入；如果按“回车”键时，输入的字符多于scanf循环读取的字符，scanf循环只将前面的字符读入。

④ 逐个读入字符结束后，不会自动在末尾加'\0'。所以输出时，最好也使用逐个字符输出。

（2）整串输入、输出：采用“%s”格式符来实现，由于C语言没有专门存放字符串的变量，字符串存放在一个字符型数组中，数组名表示第一个字符的首地址，故在输入、输出字符串时可直接使用数组名。例如：

```
char a[10];
scanf("%s",a);
printf("%s",a);
```

注意：

① 输出字符不包括'\0'。

② 用'%s'格式输出字符串时，printf函数中的输出项是字符数组名，而不是数组元素名。例如以下格式就是错误的。

```
char c[6]="china";
printf("%s",c[0]);
```

③ 如果数组长度大于字符串的实际长度也只输出到遇'\0'结束。

④ 如果一个字符数组中包含一个以上的'\0'，则遇到一个'\0'时输出就结束。

⑤ 可以用scanf输入一个字符串，例如：

```
scanf("%s",c);
```

其中，c是数组名，应该在输入以前定义。

⑥ 从键盘输入字符串时，应该注意应短于已定义的字符数组的长度。

⑦ 注意scanf函数中输入项是字符数组名时，不要在前面加&。

4. 字符串处理函数

C 语言没有提供对字符串进行操作的运算符，但在 C 语言的函数库中，提供了一些用来处理字符串的函数。这些函数使用起来方便、可靠。在调用字符串处理函数时，必须在程序前面包含头文件“string.h”的命令行，即#include<string.h>。

（1）字符串输入函数 gets()。

gets 函数的一般格式为：

```
gets ( str );
```

例如：

```
char c[18];
gets ( c );
```

（2）字符串输出函数 puts()。

puts 函数的一般格式为：

```
puts ( str );
```

例如：

```
char c[18]="china";
puts ( c );
```

程序运行结果如图 5.10 所示。

图 5.10

（3）字符串长度测量函数 strlen()。

strlen 函数的一般格式为：

```
strlen ( str )
```

例如：

```
printf ( "%d", strlen ( "china" ) );
```

（4）字符串连接函数 strcat (str1，str2)。

功能：将 str2 为首地址的字符串连接到 str1 字符串的后面，从 str1 原来的'\0'（字符串结束标志）处开始连接，将结果放在 str1 里面。例如：

```
char str1[30]="china";
strcat ( str1, "hello" );
printf ( "%s", str1 );
```

程序运行结果如图 5.11 所示。

图 5.11

注意：

① 字符数组 str1 必须足够大，以便容纳连接后的新字符串。

② 连接前两个字符串的后面都有一个'\0'，连接时将 str1 后面的'\0'取消。

（5）字符串复制函数 strcpy(str1,str2)。

功能：将 str2 为首地址的字符串复制到 str1 为首地址的字符数组中。例如：

```
char str1[10],str2[]={"china"};
strcpy(str1,str2);
printf("%s\n",str1);
```

注意：

① str2 可以是数组名及数组元素的地址，也可以是指向字符串的指针，或是字符串常量。

② 字符数组 str1 必须定义得足够大，以便容纳被复制的字符串。复制时连同字符串后面的'\0'一起复制到字符数组 str1 中。

③ 不能用赋值语句将一个字符串常量或字符数组直接赋给一个字符数组。例如，下面两行都是不合法的，只能用 strcpy 函数处理。

```
str1={"china"};
str1=str2;
```

（6）字符串比较函数 strcmp(str1,str2)。

功能：将 str1、str2 为首地址的两个字符串进行比较，其中 str1 和 str2 可以是字符数组，也可以是字符串常量，比较的结果由返回值表示。

① 当 str1=str2，函数的返回值为 0；

② 当 str1<str2，函数的返回值为负整数；

③ 当 str1>str2，函数的返回值为正整数。

注意：

对两个字符串比较，不能用以下形式：

```
if(str1==str2)printf("yes");
```

字符串比较示例：

```
#include <stdio.h>
#include <string.h>
void main()
{
```

```
    char   str1[]={"abcde"};
    char   str2[]={"abcdef"};
    if(strcmp(str1,str2)==0)
            printf("yes\n");
     else
     printf("no\n");
}
```

程序运行结果如图 5.12 所示。

图 5.12

5.3.3 案例解析

【例 5.9】 由键盘输入字符串“I'm a student!!!!”，并输出。

（1）案例分析。

该案例要求输出一个 18 个字符的字符串，就需要使用字符数组进行处理，可以使用“%c”逐个输入，也可以使用“%s”成串输入、输出。

（2）操作步骤。

① 定义一个整型变量 i，定义一个字符数组 c[18]；

② 给变量 i 赋初值 0，执行 for 循环，依次输入字符串；

③ 给出提示语句；

④ 执行 for 循环，输出该字符串。

（3）程序源代码。

```
#include <stdio.h>
void main()
{
    int i;
    char c[18];
    for(i=0;i<18;i++)
    scanf("%c",&c[i]);
    printf("输出该字符串：\n");
    for(i=0;i<18;i++)
```

```
    printf("%c",c[i]);
}
```

（4）程序运行结果如图 5.13 所示。

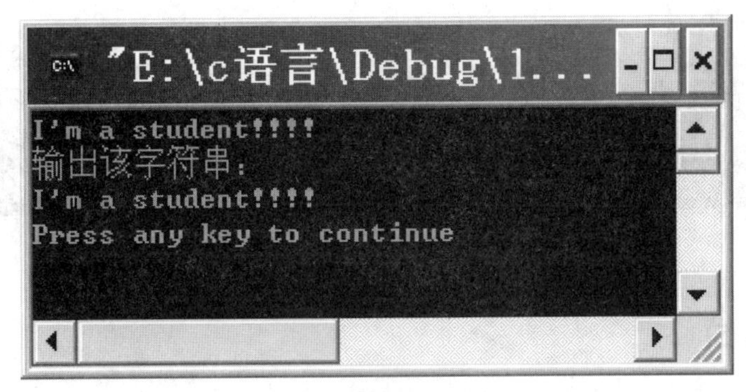

图 5.13

【例 5.10】 输入一行字符，统计其中有多少个单词，单词之间用空格隔开。

（1）案例分析。

要统计单词的个数，就要判断空格。首先定义一个字符数组，以及定义变量来统计单词个数，然后根据空格来对单词个数进行统计。

（2）操作步骤。

① 定义一个字符数组 string[81]；

② 定义三个整型变量 i、num、word，num 用来存储单词的个数，word 用来判别是否是单词，定义一个字符变量 c；

③ 采用 gets 函数输入一个字符串；

④ 在 for 循环中根据空格判断单词的个数；

⑤ 输出单词的个数。

（3）程序源代码。

```
#include “stdio.h”
void main()
{
    char string[81];
    int i,num=0,word=0;     /*num 用来统计单词个数，word 用来判别是否单词的标志*/
    char c;
    gets(string);
     for(i=0;(c=string[i])!=’\0’;i++)
         if(c==’‘) word=0;
         else if(word==0)  /*判断前面是否有空格，若有则证明有单词，num++*/
         {
             word=1;
             num++;
         }
```

```
printf("there are %d words in the line\n",num);
}
```

（4）程序运行结果如图 5.14 所示。

```
"C:\Documents and Settings\Administrator\Debug\Text1.exe"
This is a book.
there are 4 words in the line
Press any key to continue
```

图 5.14

5.3.4 案例练习

（1）编写一个程序，输入 3 个同学姓名并输出。

（2）从键盘上输入一串字符（以“回车”键结束），统计共输入了多少个字符。

（3）输入五个国家的名称，并按字母顺序排列输出。（提示：五个国家名应由一个二维字符数组来处理。然而 C 语言规定可以把一个二维数组当成多个一维数组处理。因此，本题又可以按五个一维数组处理，而每一个一维数组就是一个国家名字符串。用字符串比较函数比较各一维数组的大小，并排序，输出结果即可。）参考代码如下：

```
#include <stdio.h>
#include <string.h>
void main()
{
    char st[20],cs[5][20];
    int i,j,p;
    printf("input country's name:\n");
    for(i=0;i<5;i++)        gets(cs[i]);
    printf("\n");
    for(i=0;i<5;i++)
    {
        p=i;
        strcpy(st,cs[i]);
        for(j=i+1;j<5;j++)
        if(strcmp(cs[j],st)<0)
        {
            p=j;
            strcpy(st,cs[j]);
```

```
        }
        if(p!=i)
        {
            strcpy(st,cs[i]);
            strcpy(cs[i],cs[p]);
            strcpy(cs[p],st);
        }
    }
    for(i=0;i<5;i++)
        puts(cs[i]);
    printf("\n");
}
```

程序运行结果如图 5.15 所示。

```
"C:\Documents and Settings\Admini
input country's name:
china
japan
america
england
italy

america
china
england
italy
japan

Press any key to continue
```

图 5.15

5.4 本章小结

数组是程序设计中最常用的数据结构。数组可分为数值数组（整数组、实数组），字符数组以及后面将要介绍的指针数组，结构数组等。

数组可以是一维的，二维的或多维的。数组类型说明由类型说明符、数组名、数组长度（数组元素个数）三部分组成。数组元素又称为下标变量。数组的类型是指下标变量取值的类型。对数组的赋值可以用数组初始化赋值，输入函数动态赋值和赋值语句赋值三种方法实现。对数值数组不能用赋值语句整体赋值、输入或输出，而必须用循环语句对数组元素逐个进行操作。

习 题

1. 选择题

（1）下面程序的运行结果是（　　）。

```
#include "stdio.h"
void main()
{
    int i,j,k=8;
    int a[8]={0};
    for(i=0;i<k;i++)
      for(j=0;j<k;j++)
        a[j]=a[i]+1;
    printf("%d\n",a[k]);
}
```

A. 6　　B. 7　　C. 8　　D. 不确定的值

（2）函数调用 stract(strcpy(str1,str2),str3)的功能是（　　）。

A. 将串 str1 复制到串 str2 中之后，再连接到串 str3 后

B. 将串 str1 连接到串 str2 中之后，再连接到串 str3 后

C. 将串 str2 复制到串 str1 中之后，再将串 str3 连接到串 str1 后

D. 将串 str2 连接到串 str1 中之后，再将串 str1 复制到串 str3 中

（3）下述对 C 语言字符数组的描述中错误的是（　　）。

A. 字符数组可以存放字符串

B. 字符数组中的字符串可以整体输入、输出

C. 可以在赋值语句中通过赋值运算符“=”对字符数组整体赋值

D. 不可以用关系运算符对字符数组中的字符串进行比较

（4）下面程序段的输出结果是（　　）。

```
char s[12]="a book";
printf("%d",strlen(s));
```

A. 12　　B. 8　　C. 7　　D. 6

（5）当执行下面程序且输入“ABC”时，输出的结果是（　　）。

```
#include “stdio.h”
#include “string.h”
main()
{
    char ss[10]="2345";
    strcat(ss,"6789");
    gets(ss);
    printf("%s\n",ss);
```

```
}
```

A. ABC　　B. ABC9　　C. 123456ABC　　D. ABC456789

2. 填空题

（1）构成数组的各个元素必须具有相同的____________。

（2）C 语言中数组的下标必须是正整数、0 或_______________________。

（3）C 语言中元素的下标的最小值是_______________。

（4）设有如下定义：

```
double    a[180];
```

则数组 a 的下标下界是____________，上界是______________。

（5）下面程序运行后的输出结果是____________________。

```
#include "stdio.h"
void main()
{
    int a[4],i,k=0;
    for(i=0;i<4;i++)    a[i]=i;
    for(i=0;i<4;i++)    k+=a[i]+i*i;
    printf("%d\n",k);
}
```

3. 程序题

（1）采用冒泡法对 5 个整型数据按升序排序并输出。

（2）求二维数组的最大值、最小值、总值、平均值。

（3）设某班有 20 个学生，每个学生选修了三门课，编写程序，输入 20 个学生三门课的成绩，并计算每个学生的平均成绩，最后输出每个学生三门课的成绩及平均成绩。

（4）输出如题图 5.1 所示的杨辉三角，要求一共有 10 行 10 列。

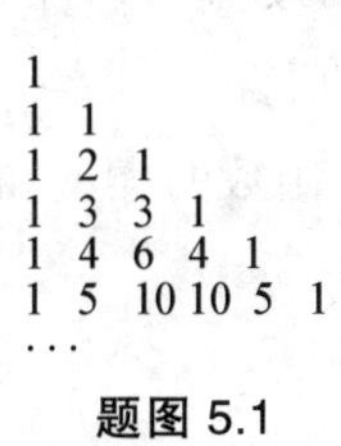

题图 5.1

（5）从键盘输入一串字符（以回车键结束），统计其中大写字母、小写字母、空格以及其他字符的个数。

（6）从键盘输入三个字符串，找出其中的最大串。（字符串库函数的应用）

第6章 函 数

【学习目标】

- ☞ 掌握函数的定义、声明与调用；
- ☞ 明确函数的类型和返回值之间的关系；
- ☞ 了解变量的存储类型和变量的生存周期与作用域。

【知识要点】

- 📖 函数的定义形式；
- 📖 函数声明与调用；
- 📖 变量的生存周期与作用域。

函数是C语言程序中的基本单位，每个函数具有独立的功能。程序是由若干个函数组成，在诸多的函数中有且只有一个主函数，名字是main()，它可以有参数，也可以无参数。函数是C语言程序的基本模块，通过对函数模块的调用实现特定的功能。C语言不仅提供了极为丰富的库函数，还允许用户建立自己定义的函数。用户可把自己的算法编成一个个相对独立的函数模块，然后用调用的方法来使用函数。可以说C程序的全部工作都是由各式各样的函数完成的，所以也把C语言称为函数式语言。

本章主要介绍函数的定义与调用，函数的类型和返回值，变量的存储类型和变量的作用域。

6.1 函数的定义、声明及调用

6.1.1 函数的定义

在C语言中可从不同的角度对函数分类。

（1）从函数定义的角度，函数可分为库函数和用户定义函数两种，见表6.1。

表 6.1　函数定义分类说明表

函数分类	函数说明	可供调用函数
库函数	由 C 系统提供，用户无须定义，也不必在程序中作类型说明，只需要在程序前包含有该函数原型的头文件即可，在程序中直接调用	printf、scanf、getchar、putchar、gets、puts、strcat 等函数均属此类
用户自定义函数	由用户按需要写的函数。对于用户自定义函数，不仅要在程序中定义函数本身，而且在主调函数模块中还必须对该被调函数进行类型说明，然后才能使用.	需自定义函数名

（2）从主调函数和被调函数之间数据传送的角度，函数又可分为无参函数和有参函数两种，见表 6.2。

表 6.2　无参有参函数分类说明表

函数分类	函数说明	是否有返回值
无参函数	函数定义、函数说明及函数调用中均不带参数。主调函数和被调函数之间不进行参数传送。此类函数通常用来完成一组指定的功能	可以带或不带返回函数值
有参函数	也称为带参函数。在函数定义及函数说明时都有参数，称为形式参数（简称为形参）。在函数调用时也必须给出参数，称为实际参数（简称为实参）。进行函数调用时，主调函数将把实参的值传送给形参，供被调函数使用	可以带或不带返回函数值

6.1.2　函数的声明

如果函数定义在 main()函数之前，函数声明可以省略；如果函数定义在 main()函数之后，那么在 mian()函数中一定要有函数声明。

函数的声明的一般形式为：

类型说明符 被调函数名（类型 形参，类型 形参…）;

或者

类型说明符 被调函数名（类型，类型…）;

6.1.3　函数的调用

在 C 语言中，可以用以下几种方式调用函数：

（1）函数表达式：函数作为表达式中的一项出现在表达式中，以函数返回值参与表达式的运算。这种方式要求函数有返回值。例如：z=max（x，y）是一个赋值表达式，把 max 的返回值赋予变量 z。

（2）函数语句：函数调用的一般形式加上分号即构成函数语句。例如：

```
printf("%d",a);
scanf("%d",&b);
```

都是以函数语句的方式调用函数的。

（3）函数实参：函数作为另一个函数调用的实际参数出现。这种情况是把该函数的返回值作为实参进行传送，因此要求该函数必须有返回值。例如：

```
printf("%d",max(x,y));
```

是把 max 调用的返回值又作为 printf 函数的实参来使用的。

在函数调用中还应该注意的一个问题是求值顺序的问题。所谓求值顺序是指对实参表中各量是自左至右使用，还是自右至左使用。对此，各系统的规定不一定相同。介绍 printf 函数时已提到过，这里从函数调用的角度再强调一下。

函数的调用的一般形式为：

函数名（实际参数表）;

函数调用方式一般来说是属于传值调用。所谓传值调用是将调用函数中的实参传递给被调用函数的形参，在 C 中只有将实参传递给形参，而不能由形参传回给实参。C 语言中的传值调用实质上可分为两种，一种是传递实参变量或表达式的值，另一种是传递实参变量的内存地址值。尽管二者同属传值调用，但是由于所传的值的含义不同，而引起这两种调用方法的极大不同。前者我们可以称为“值传递”调用，后者称为“址传递”调用。

6.2 无参函数

6.2.1 知识点

无参函数的使用分为无参函数的定义、声明和调用，在无参函数定义中，根据是否带有返回值又可分为带返回值和不带返回值的无参函数两种定义。同时，对应这两种函数定义的调用语句也不同。

1. 无参函数的定义

（1）无参函数定义的一般形式为：

```
类型标识符 函数名()
{
    声明部分
    语句部分
}
```

（2）无参函数的执行说明。

① 类型标识符和函数名称为函数头。类型标识符指明了本函数的类型，函数的类型实际上是函数返回值的类型。如果无返回值，函数的类型为 void。函数名是由用户定义的标识符，命名时要符合定义标识符的规则，函数名后有一个空括号，没有参数，但括号不可缺少。

② {}中的内容称为函数体。在函数体中的声明部分，是对函数体内部所用到的变量的类型说明。

③ 无参函数定义分为无参带返回值定义和无参不带返回值定义。无参带返回值在程序函数体内必须有 return 语句返回函数运行结果值。无参不带返回值在程序函数体内必须出现一条输出语句，以便把函数运行结果反馈出来。

2. 无参函数的调用和声明

无参函数的调用形式与其定义有关，如果定义的是不带返回值的函数，调用时直接调用函数即可，形如 f()。如果定义的是带返回值函数，调用时采用函数表达式形式，形如 z=f()；如果函数定义在 main()之前就已存在，那函数声明可以省略；否则在主函数之前必须申明该函数。

6.2.2 案例解析

【例 6.1】 定义一个函数，命名函数 Hello，要求换行输出“Hello world”。(无参函数不带返回值的定义和调用)

(1) 案例分析。

在 C 语言的程序中，曾以 mian()做了一个 C 语言例子，在此，只要把 main 改为 Hello 作为函数名，其余不变即可。Hello 函数是一个无参函数，当被其他函数调用时，输出“Hello world”字符。

(2) 操作步骤。

① 定义函数名，如果函数名的定义写在主函数 main()之前，函数声明可以省略，如果函数名写在 main()之后，在主函数前必须声明该函数；

② 在函数中输出“Hello world”；

③ 调用 Hello 函数；

④ 编译执行，查看结果。

(3) 程序源代码。

方法一：

```
#include <stdio.h>
void Hello();            /*函数声明*/
void main()
{
     Hello();            /*函数调用*/
}
void Hello()
{
     printf("Hello,world \n");
}
```

方法二：

```
#include <stdio.h>
void Hello()
{
     printf("Hello,world\n");
}
```

```
void main()
{
    Hello();          /*函数调用*/
}
```

（4）程序运行结果如图 6.1 所示。

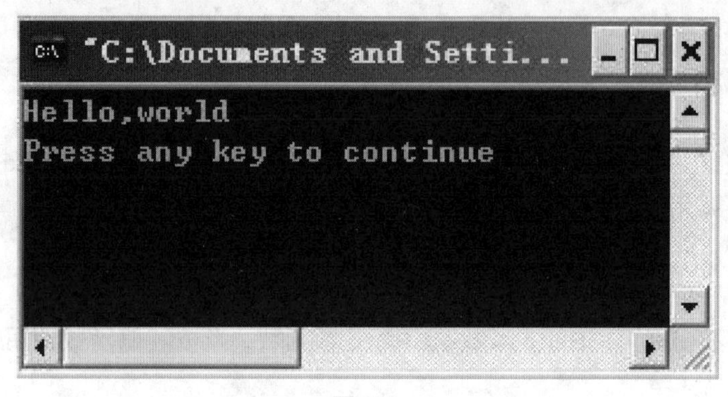

图 6.1

【例 6.2】 定义一个函数，命名函数 Hello，要求输出"Hello world"。（无参函数带返回值的定义和调用）

（1）案例分析。

只需把【例 6.1】中的 printf 语句换成 return 语句。

（2）操作步骤。

① 定义函数名；

② 在函数中定义一个字符串变量 str，把"Hello，World"字符串赋值给该字符串变量 str；

③ 用 return 语句返回该字符串 str；

④ 用函数表达式语句调用 Hello()。

（3）程序源代码。

```
#include <stdio.h>
char Hello()
{
    char str[]={"Hello,World\n"};
    return puts(str);
}
void main()
{
    char s;
    s=Hello();        /*函数调用*/
    printf("%s",s);
}
```

【例 6.3】 分别用无参带返回值和不带返回值的函数定义来定义一个函数功能：求两数之和。

（1）案例分析。

算法形如 sum=a+b。定义无参函数时，在函数体内由键盘输入 a、b 两变量的值。Sum 为和变量。不带返回值时，函数体内必须有条输出语句显示出该函数做了什么。带返回值时用 return 语句返回 sum 的值。

（2）操作步骤。

① 定义函数 f()，函数类型 float.函数体中读入 a、b 两变量的值；

② 求两数和赋值给 sum 变量；

③ 输出 sum，或用 return 语句返回 sum 的值；

④ 函数声明（函数声明是否可以省略与函数定义的位置有关）；

⑤ 在主函数中调用该函数（函数调用时使用函数语句还是函数表达式，与函数定义中是否带返回值有关）。

（3）程序源代码。

方法一：不带返回值的函数定义求两数之和的定义和调用。

```
# include <stdio.h>
void f()
{
    float   a,b;
    scanf("%f,%f",&a,&b);
    float sum=a+b;
    printf("sum=%f",sum);
}
void main()
{
    f();
}
```

方法二：带返回值的函数定义求两数之和定义和调用。

```
#include <stdio.h>
float f()
{
    float a,b;
    printf("请输入两个数 a,b 的值\n");
    scanf("%f,%f",&a,&b);
    float sum=a+b;
    return sum;
}
main()
{
```

```
        float s=f();
        printf("s=%f\n",s);
    }
```

（4）程序运行结果如图 6.2 所示。

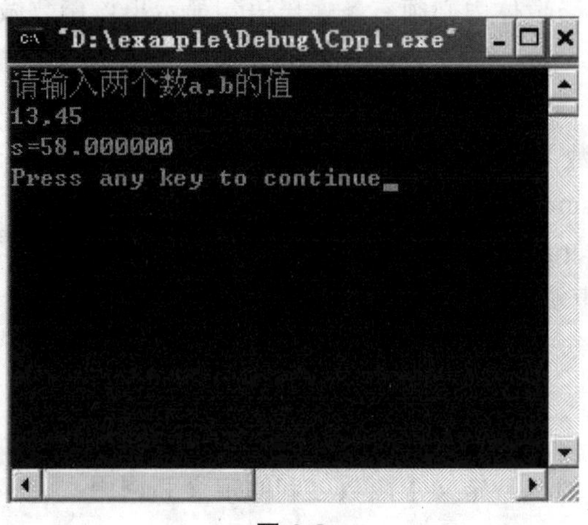

图 6.2

函数已定义，如果要调用，一般应在主调函数中对被调函数进行声明，即想编译系统声明将要调用此函数，并将有关的信息（如被调函数名，函数类型，型参的个数和类型等）通知编译系统。【例 6.3】中函数定义是在主函数之前定义的，所以函数声明可以省略。

6.3 有参函数

6.3.1 知识点

有参函数的使用分为有参函数的定义、声明和调用，在有参函数定义中，同无参函数一样，根据是否带有返回值又可分为带返回值和不带返回值的有参函数两种定义。同时，对应这两种函数定义的调用语句也不同。

1. 有参函数的定义

（1）有参函数定义的一般形式为：

类型标识符 函数名（形式参数表列）

{

声明部分

语句部分

}

（2）有参函数的执行说明。

① 有参函数比无参函数多了一个内容，即形式参数表列。

② 在形参表中给出的参数称为形式参数，它们可以是各种类型的变量，各参数之间用逗号间隔。

③ 在进行函数调用时，主调函数将赋给这些形式参数实际的值。

④ 形参既然是变量，必须在形参表中给出形参的类型说明。

⑤ 有参函数定义也可分为带返回值的有参函数定义和不带返回值的有参函数定义。

2. 有参函数的调用和声明

有参函数的调用形式与其定义有关，如果定义的是不带返回值的函数，调用时直接调用函数即可，形如 f（a，b）；如果定义的是带返回值函数，调用时采用函数表达式形式，形如 z=f（a，b）；如果函数定义在 main()之前就已存在，那函数声明可以省略；否则在主函数之前必须申明该函数。

6.3.2 案例解析

【例 6.4】 定义一个函数，用于求两个数之和。（带参数不带返回值的函数定义和调用）

（1）案例分析。

此案例与【例 6.3】中不带返回值的无参函数定义的区别在于，所定义的两个变量不在函数体内读入，而是在函数外读入，而函数体只需把两个变量作为形式参数定义在函数体内即可。

（2）操作步骤。

① 定义函数名，在函数名的小括号内定义两个整型参数 x、y；

② 在函数体内定义浮点型变量 sum；

③ 在函数体内用输出语句 printf 输出 sum 的值；

④ 在主函数中调用该函数计算两数之和。

（3）程序源代码。

```
# include <stdio.h>
void f(float x ,float y);          /*函数的声明*/
void main()
{
      float a, b;
          scanf("%f,%f" ,&a,&b);
      f(a,b);                      /*函数的调用*/
}

void f( float x,float y)           /*函数的定义*/
{
      float sum=x+y;
      printf("sum=%f\n",sum);
}
```

（4）程序运行结果如图 6.3 所示。

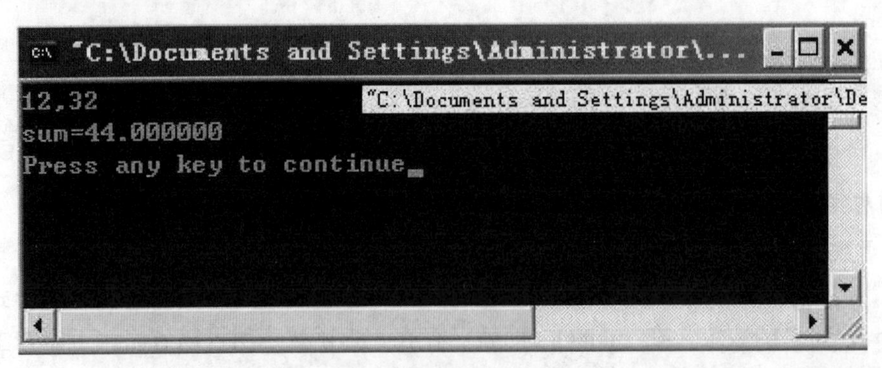

图 6.3

【例 6.5】 定义一个函数，用于求两个数之和。（带参数带返回值的函数定义和调用）

（1）案例分析。

此案例中带参数的函数定义与【例 6.4】基本相同，返回值需要使用 return 语句返回。

（2）操作步骤。

① 定义函数名，在函数名的小括号内定义两个整型参数 x、y；

② 在函数体内定义浮点型变量 sum；

③ 用 return 语句返回 sum 的值。

（3）程序源代码。

```
# include <stdio.h>
float f(float x, float y);          /*函数的声明*/
void main()
{
        float a, b;
            scanf("%f%f", &a,&b);
        float s=f( a,b);            /*函数的调用*/
        printf("s=%f\n",s);
}

float f(float a,float b)
{
        float sum=0;
         sum=a+b;
        return sum;
}
```

【例 6.6】 分别用有参带返回值和不带返回值的函数定义定义一个函数功能：求两数的最大值。

方法一：带参数不带返回值的函数定义求两数最大值。

```
int max(int a, int b)
{
    if (a>b) printf("最大值=%d",&a)
            else printf("最大值=%d",&b);
}
```

方法二：带参数带返回值的函数定义求两数最大值。

```
int max(int a, int b)
{
    if (a>b) return a;
            else return b;
}
```

（1）案例分析。

第一行说明 max 函数是一个整型函数，其返回的函数值是一个整数。形参 a、b 均为整型量。a、b 的具体值是由主调函数在调用时传送过来的。在{}中的函数体内，除形参外没有使用其他变量，因此只有语句而没有声明部分。在 max 函数体中的 return 语句是把 a（或 b）的值作为函数的值返回给主调函数。有返回值函数中至少应有一个 return 语句。

在 C 程序中，一个函数的定义可以放在任意位置，既可放在主函数 main 之前，也可放在 main 之后。

（2）操作步骤。

① 函数定义：考虑是否使用参数，是否带返回值，选择上述方法一或方法二定义一个两数求较大值功能的函数；

② 函数声明：是否使用函数声明与函数定义的位置有关；

③ 函数调用：主调函数使用函数语句还是函数表达式与函数定义是否带返回值有关。

（3）程序源代码。

```
# include<stdio.h>
void max(int x, int y)
{
        if (x>=y)
        {printf("两数中较大值=%d\n",x);}
        else
        {printf("两数中较大值=%d\n",y);}
}
void main()
{
      int a, b;
```

```
    printf("请输入两个数 a,b 的值\n");
    scanf("%d,%d", &a,&b);
    max(a,b);
}
```

（4）程序运行结果如图 6.4 所示。

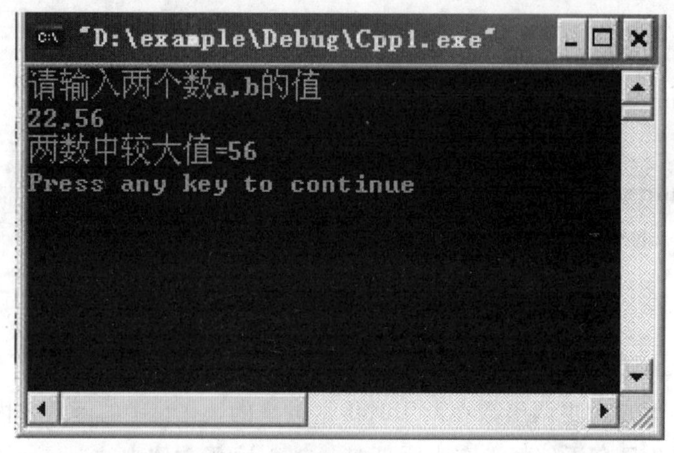

图 6.4

6.3.3 案例练习

编写程序，用函数实现 10 个数求最大值。

6.3.4 小　结

（1）空函数的定义。

不返回函数值的函数，可以明确定义为“空类型”，类型说明符为“void”。

（2）函数的返回值。

在函数定义中，从返回值的角度可分为带返回值和不带返回值的函数，函数如果有返回的值只能通过 return 语句返回主调函数。

return 语句的一般形式为：

return 表达式;

或者

return（表达式）;

该语句的功能是计算表达式的值，并返回给主调函数。在函数中允许有多个 return 语句，但每次调用只能有一个 return 语句被执行，因此只能返回一个函数值。

函数的定义有四种情况：无参无返回值的函数定义；无参有返回值的函数定义；有参无返回值的函数定义；有参有返回值的函数定义。

可以把函数看作一个封闭的空间，如果想了解封闭的空间的功能，必须让这个封闭的空间留一条缝和外界联系，所以，带返回值的函数定义已经在函数返回时给了一个返回通道return，而不带返回值的函数需要定义者用一条输出语句反馈出函数执行的功能。

6.4 函数的嵌套调用

6.4.1 知识点

函数定义不能嵌套，但是函数调用可以嵌套。在调用 A 函数的过程中可以调用 B 函数，在调用 B 函数的过程中可以调用 C 函数……C 函数调用结束后返回 B 函数，B 函数调用结束后返回 A 函数，A 函数调用结束后返回到 A 的调用函数中。

函数嵌套的关系图如图 6.5 所示，其表示了两层嵌套的情形。其执行过程是：执行 main 函数中调用 a 函数的语句时，即转去执行 a 函数，在 a 函数中调用 b 函数时，又转去执行 b 函数，b 函数执行完毕后返回 a 函数的断点继续执行，a 函数执行完毕后返回 main 函数的断点继续执行。

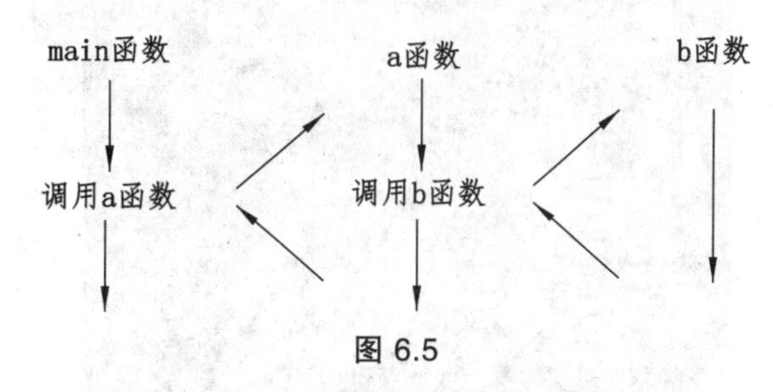

图 6.5

6.4.2 案例解析

【例 6.7】 编写两层嵌套程序，实现函数的嵌套调用。要求在 a 函数中嵌套 b 函数。

（1）案例分析。

两层嵌套函数的执行过程：执行 main 函数中调用 a 函数的语句时，即转去执行 a 函数，在 a 函数中调用 b 函数时，又转去执行 b 函数，b 函数执行完毕后返回 a 函数的断点继续执行，a 函数执行完毕后返回 main 函数的断点继续执行。

（2）操作步骤。

① 编写 b 函数，实现打印输出字符串“我叫李明”；

② 编写 a 函数，在 a 函数中除了输出字符串“你叫什么名字”外，还应调用 b 函数；

③ 在主函数中调用 a 函数。

（3）程序源代码，

```
#include <stdio.h>
void a();            /*函数声明*/
void b();            /*函数声明*/
```

```
void main()
{
    printf("主函数：问候语\n");
    a();
}
void a()
{
    printf("a 函数：你叫什么名字\n");
    b();
}
void b()
{
    printf("b 函数：我叫李明\n");
}
```

（4）程序运行结果如图 6.6 所示。

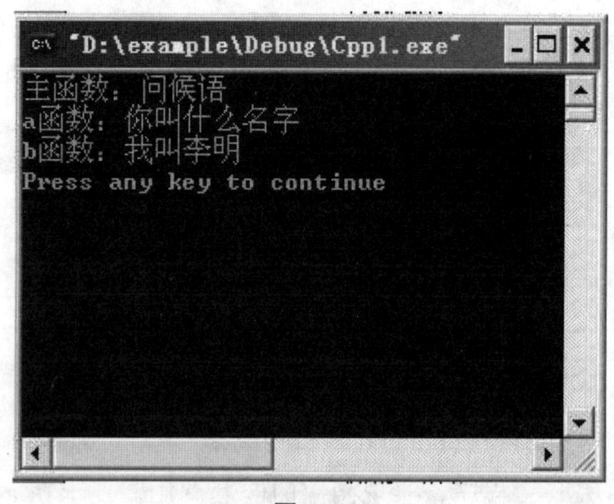

图 6.6

【例 6.8】 编写一个三层嵌套函数，即在主函数中调用函数 a，函数 a 中调用函数 b，函数 b 中调用了函数 c，观察下面程序代码中函数的执行顺序。

（1）程序源代码。

```
#include <stdio.h>
void a();           /*函数声明*/
void b();           /*函数声明*/
void c();           /*函数声明*/
void main()
{
    printf("我在主函数中。\n");                /*①*/
    a();
```

```
    printf("在主函数中我是最后一个。\n");     /*②*/
}
void a()
{
    printf("现在我在 a 中。\n");              /*③*/
    b();
    printf("我是 a 函数中的最后一条语句\n");/*④*/
}
void b()
{
    printf("现在我在 b 中。\n");              /*⑤*/
    c();
    printf("我是 b 函数中的最后一条语句\n") ;/*⑥*/
}
void c()
{
    printf("我是 c。\n");                     /*⑦*/
}
```

（2）程序运行结果如图 6.7 所示。

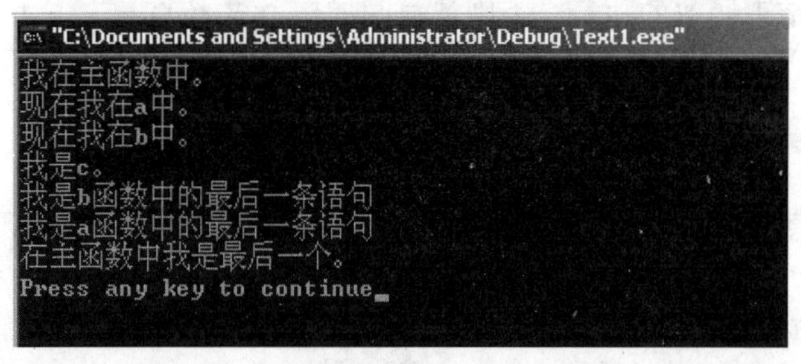

图 6.7

我们把每条打印语句按语句顺序编号为①②③④⑤⑥⑦，最后结果输出的执行顺序却为①③⑤⑦⑥④②。想想为什么?

6.5 函数的递归调用

6.5.1 知识点

一个函数在它的函数体内调用它自身称为递归调用。这种函数称为递归函数。C 语言允许函数的递归调用。在递归调用中，主调函数又是被调函数。执行递归函数将反复调用其自身，每调用一次就进入新的一层。例如：

```
int f(int x)
{
    int y;
        z=f(y);
        return z;
}
```

这个函数是一个递归函数。但是运行该函数将无休止地调用其自身，这当然是不正确的。为了防止递归调用无终止地进行，必须在函数内有终止递归调用的手段。常用的办法是加条件判断，满足某种条件后就不再作递归调用，然后逐层返回。下面举例说明递归调用的执行过程。

6.5.2 案例解析

【例 6.9】 用递归法计算 n!。可用下述公式表示：

$$
\begin{cases} n!=1 & (n=0, 1) \\ n\times(n-1)! & (n>1) \end{cases}
$$

（1）案例分析。

程序中将给出的函数 ff 是一个递归函数。主函数调用 ff 后即进入函数 ff 执行，如果 n<0、n==0 或 n=1，都将结束函数的执行，否则就递归调用 ff 函数自身。由于每次递归调用的实参为 n－1，即把 n－1 的值赋予形参 n，最后当 n－1 的值为 1 时再作递归调用，形参 n 的值也为 1，将使递归终止。然后可逐层退回。

（2）操作步骤。

① 定义递归函数 f(n)，函数内部实现判断如果 n=0 或 n=1 则 f(n)=1；否则 f(n)=n*f(n－1)；

② 编写主函数，在主函数中调用递归函数实现 n!。

（3）程序源代码。

```
#include <stdio.h>
long ff(int n)
{
    long f;
    if(n<0) {printf("n<0,输出错误");}
    else if(n==0||n==1) f=1;
    else f=ff(n-1)*n;
    return(f);
}
void main()
{
    int n;
    long y;
```

```
    printf("请数值求该数值的阶乘:\n");
    scanf("%d",&n);
    y=ff(n);
    printf("%d!=%ld\n",n,y);
}
```

（4）程序运行结果如图 6.8 所示。

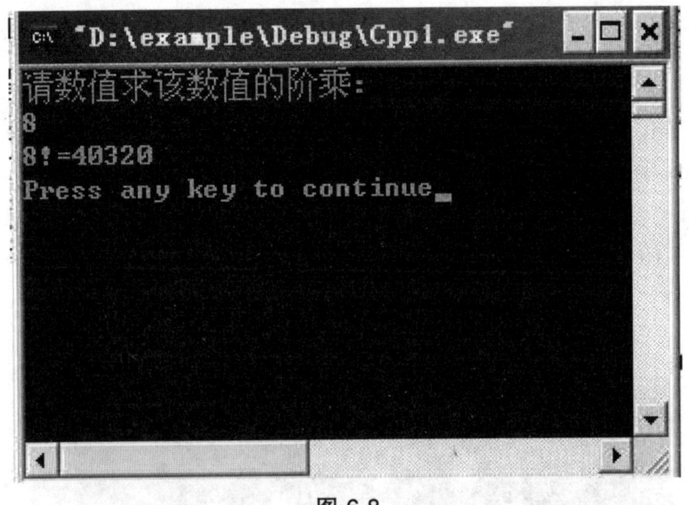

图 6.8

下面我们再举例说明该过程。设执行本程序时输入为 5，即求 5!。在主函数中的调用语句即为 y=ff(5)，进入 ff 函数后，由于 n=5，不等于 0 或 1，故应执行 f=ff(n－1)*n，即 f=ff(5－1)*5。该语句对 ff 作递归调用，即 ff(4)。

进行 4 次递归调用后，ff 函数形参取得的值变为 1，故不再继续递归调用而开始逐层返回主调函数。ff(1)的函数返回值为 1，ff(2)的返回值为 1*2=2，ff(3)的返回值为 2*3=6，ff(4)的返回值为 6*4=24，最后返回值 ff(5)为 24*5=120。

【例 6.10】 求 s=1！+2！+3！+……10！之和。

（1）案例分析。

此程序将给出一个递归函数 f(n)，实现 n!，实现方法与【例 6.9】相同，另外利用 for 循环语句求 1～10 的阶乘的和，循环次数为 10。

（2）操作步骤。

① 定义递归函数 f(n)，函数内部实现判断如果 n=0 或 n=1 则 f(n)=1；否则 f(n)=n*f(n－1)。

② 在主函数中求阶乘的和，调用 f(n)函数。

（3）程序源代码。

```
#include <stdio.h>
long ff(int n)
{
    long f;
```

```
        if(n<0) {printf("n<0,输出错误");}
        else if(n==0||n==1) f=1;
        else f=ff(n-1)*n;
        return(f);
    }

    void main()
    {
        int i;
        long    s=0;
        for(i=1;i<=10;i++)
        s=s+ff(i);
        printf ("1-10 的阶乘和=%ld\n",s);
    }
```

（4）程序运行结果如图 6.9 所示。

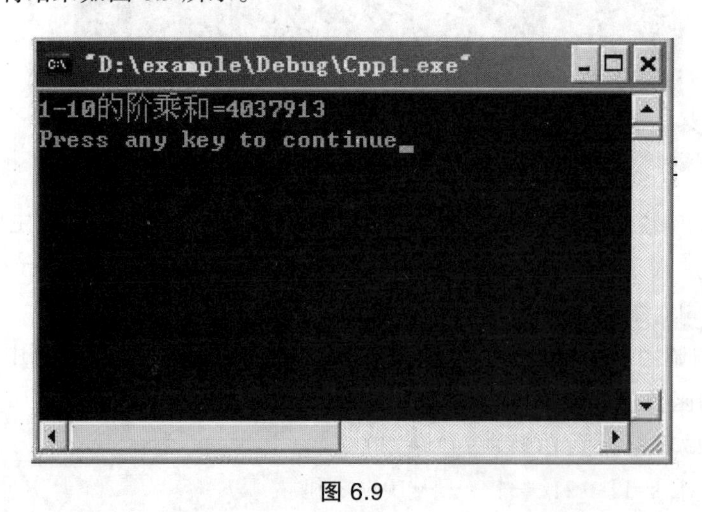

图 6.9

6.5.3 案例练习

（1）求 s=n+（n+1）+（n+2）+……m（n<=m）。此公式可用如下公式描述：

$$f(n, m) = \begin{cases} f(n+1, m)+n & n<m \\ m & n=m \end{cases}$$

（2）Hanoi 塔问题。

一块板上有三根针分别为 A、B、C。A 针上套有 64 个大小不等的圆盘，大的在下，小的在上。如图 6.10 所示。要把这 64 个圆盘从 A 针移动 C 针上，每次只能移动一个圆盘，移动可以借助 B 针进行。但在任何时候，任何针上的圆盘都必须保持大盘在下，小盘在上。编写程序输出移动的步骤。

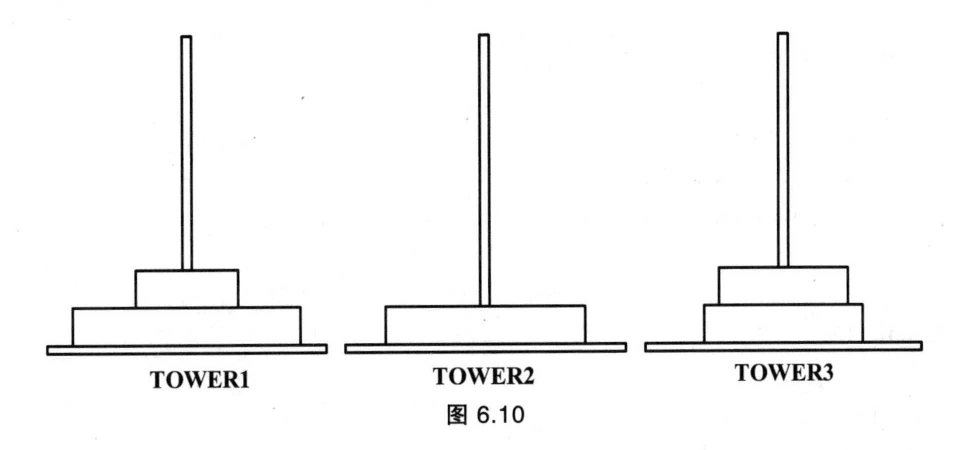

图 6.10

设 A 上有 n 个盘子算法分析如下：

如果 n=1，则将圆盘从 A 直接移动到 C。

如果 n=2，则：

① 将 A 上的 n－1（等于 1）个圆盘移到 B 上；

② 再将 A 上的一个圆盘移到 C 上；

③ 最后将 B 上的 n－1（等于 1）个圆盘移到 C 上。

如果 n=3，则：

① 将 A 上的 n－1（等于 2，令其为 n'）个圆盘移到 B（借助于 C），步骤如下：

a. 将 A 上的 n'－1（等于 1）个圆盘移到 C 上；

b. 将 A 上的一个圆盘移到 B；

c. 将 C 上的 n'－1（等于 1）个圆盘移到 B。

② 将 A 上的一个圆盘移到 C。

③ 将 B 上的 n－1（等于 2，令其为 n'）个圆盘移到 C（借助 A），步骤如下：

a. 将 B 上的 n'－1（等于 1）个圆盘移到 A；

b. 将 B 上的一个盘子移到 C；

c. 将 A 上的 n'－1（等于 1）个圆盘移到 C。

至此，完成了三个圆盘的移动过程。

从上面分析可以看出，当 n 大于等于 2 时，移动的过程可分解为三个步骤：

第一步：把 A 上的 n－1 个圆盘移到 B 上；

第二步：把 A 上的一个圆盘移到 C 上；

第三步：把 B 上的 n－1 个圆盘移到 C 上。

其中第一步和第三步是类似的。

当 n=3 时，第一步和第三步又分解为类似的三步，即把 n'－1 个圆盘从一个针移到另一个针上，这里的 n'=n－1。显然这是一个递归过程，据此算法可编程如下：

```
#include <stdio.h>
void move(int n,int x,int y,int z)
{
    if(n==1)
        printf("%c-->%c\n",x,z);
```

```
    else
    {
      move(n-1,x,z,y);
      printf("%c-->%c\n",x,z);
      move(n-1,y,x,z);
    }
}
void main()
{
    int h;
    printf("\ninput number:\n");
    scanf("%d",&h);
    printf("the step to moving %2d diskes:\n",h);
    move(h,'a','b','c');
}
```

从程序中可以看出，move 函数是一个递归函数，它有 4 个形参 n、x、y、z。n 表示圆盘数，x、y、z 分别表示三根针。move 函数的功能是把 x 上的 n 个圆盘移动到 z 上。当 n==1 时，直接把 x 上的圆盘移至 z 上，输出 x→z。如 n!=1 则分为三步：递归调用 move 函数，把 n－1 个圆盘从 x 移到 y；输出 x→z；递归调用 move 函数，把 n－1 个圆盘从 y 移到 z。在递归调用过程中 n=n－1，故 n 的值逐次递减，最后 n=1 时，终止递归，逐层返回。当 n=4 时程序运行的结果为：

```
input number:
4
the step to moving 4 diskes:
a→b
a→c
b→c
a→b
c→a
c→b
a→b
a→c
b→c
b→a
c→a
b→c
a→b
a→c
b→c
```

6.6 数组作为函数参数

6.6.1 知识点

一般变量作函数参数实现传值调用，同样，数组元素作函数参数也实现传值调用，但是数组名作函数参数却实现的是传址调用。因为 C 语言规定数组名是地址值。数组用作函数参数有两种形式，一种是把数组元素（下标变量）作为实参使用，另一种是把数组名作为函数的形参和实参使用。

1. 数组元素做函数参数

数组元素就是下标变量，它与普通变量并无区别。因此，它作为函数实参使用与普通变量是完全相同的，在发生函数调用时，把作为实参的数组元素的值传送给形参，实现单向的值传送。

2. 数组名作函数参数

用数组名作函数参数与用数组元素作实参有几点不同：

（1）用数组元素作实参时，只要数组类型和函数的形参变量的类型一致，那么，作为下标变量的数组元素的类型也和函数形参变量的类型是一致的。因此，并不要求函数的形参也是下标变量。换句话说，对数组元素的处理是按普通变量对待的。用数组名作函数参数时，则要求形参和相对应的实参都必须是类型相同的数组，都必须有明确的数组说明。当形参和实参二者不一致时，即会发生错误。

（2）在普通变量或下标变量作函数参数时，形参变量和实参变量是由编译系统分配的两个不同的内存单元。在函数调用时发生的值传送是把实参变量的值赋给形参变量。在用数组名作函数参数时，不是进行值的传送，即不是把实参数组的每一个元素的值都赋予形参数组的各个元素。因为实际上形参数组并不存在，编译系统不为形参数组分配内存。那么，数据的传送是如何实现的呢？我们曾介绍过，数组名就是数组的首地址。因此，在数组名作函数参数时所进行的传送只是地址的传送，也就是说把实参数组的首地址赋予形参数组名。形参数组名取得该首地址之后，也就等于有了实在的数组。实际上是形参数组和实参数组为同一数组，共同拥有一段内存空间。

	a[0]	a[1]	a[2]	a[3]	a[4]	a[5]	a[6]	a[7]	a[8]	a[9]
起始地址2000	2	4	6	8	10	12	14	16	18	20
	b[0]	b[1]	b[2]	b[3]	b[4]	b[5]	b[6]	b[7]	b[8]	b[9]

图 6.11

图 6.11 说明了这种情形。图中设 a 为实参数组，类型为整型。a 占有以 2000 为首地址的一块内存区。b 为形参数组名。当发生函数调用时，进行地址传送，把实参数组 a 的首地址传送给形参数组名 b，于是 b 也取得该地址 2000。于是 a、b 两数组共同占有以 2000 为首地

址的一段连续内存单元。从图中还可以看出 a 和 b 下标相同的元素实际上也占相同的两个内存单元（整型数组每个元素占二字节）。例如，a[0]和 b[0]都占用 2000 和 2001 单元，当然 a[0]等于 b[0]。类推则有 a[i]等于 b[i]。

用数组名作为函数参数时还应注意以下几点：

① 形参数组和实参数组的类型必须一致，否则将引起错误。

② 形参数组和实参数组的长度可以不相同，因为在调用时，只传送首地址而不检查形参数组的长度。当形参数组的长度与实参数组不一致时，虽不至于出现语法错误（编译能通过），但程序执行结果将与实际不符，这是应予以注意的。

6.6.2 案例解析

【例 6.11】 判别一个整数数组中各元素的值，若大于 0 则输出该值，若小于等于 0 则输出 0 值。（数组元素作为函数参数）

（1）案例分析。

本程序中首先定义一个无返回值函数 nzp，并说明其形参 v 为整型变量。在函数体中根据 v 值输出相应的结果。在 main 函数中用一个 for 语句输入数组各元素，每输入一个就以该元素作实参调用一次 nzp 函数，即把 a[i]的值传送给形参 v，供 nzp 函数使用。

（2）操作步骤。

① 定义无返回值函数 nzp（int v），函数功能是输出 v 的相应结果；

② 在主函数中定义数组 a;

③ 在主函数中利用 for 语句输入数组各元素，并调用 nzp 函数，将 a[i]的值传送给形参 v。

（3）程序源代码。

```
#include <stdio.h>
void nzp(int v)
{
    if(v>0)
        printf("%d ",v);
    else
        printf("%d ",0);


}
void main()
{
    int a[5],i;
    printf("input 5 numbers\n");
    for(i=0;i<5;i++)
    {
     scanf("%d",&a[i]);
```

```
        nzp(a[i]);
      }
  printf("\n");
  }
```

（4）程序运行结果如图 6.12 所示。

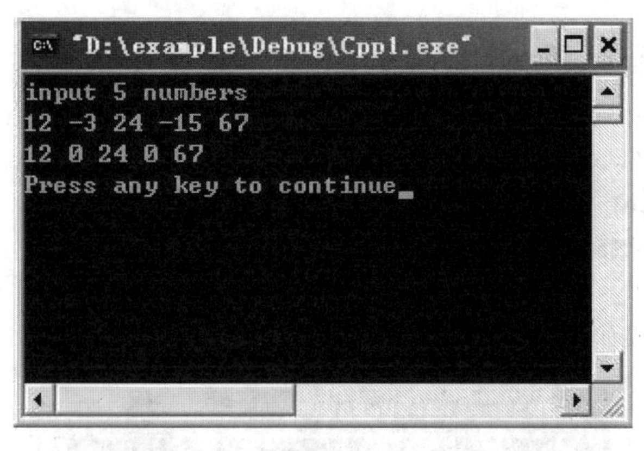

图 6.12

【例 6.12】 数组 a 中存放了一个学生 5 门课程的成绩，求平均成绩。（数组名作为函数参数）

（1）案例分析。

此程序用数组存放一个学生的 5 门成绩，并求平均值，可以将数组名作为函数参数。首先定义一个实型函数 aver，一个形参为实型的数组 a，长度为 5。在函数 aver 中，把各元素值相加求出平均值，返回给主函数。主函数 main 中首先完成数组 sco 的输入，然后以 sco 作为实参调用 aver 函数，函数返回值送 av，最后输出 av 值。在变量作函数参数时，所进行的值传送是单向的。即只能从实参传向形参，不能从形参传回实参。形参的初值和实参相同，而形参的值发生改变后，实参并不变化，两者的终值是不同的。

（2）操作步骤。

① 定义一个函数 aver（float a[5]），实现求学生 5 门成绩的平均值；

② 主函数中定义数组 sco 数组，要求对数组赋初值；

③ 在主函数中调用 aver 函数，sco 数组作为实参传递给形参。

（3）程序源代码。

```
#include <stdio.h>
float aver(float a[5])
{
    int i;
    float av,s=a[0];
    for(i=1;i<5;i++)
      s=s+a[i];
    av=s/5;
```

```
        return av;
    }
    void main()
    {
        float sco[5],av;
        int i;
        printf("\n 请输入 5 个分数:\n");
        for(i=0;i<5;i++)
            scanf("%f",&sco[i]);
        av=aver(sco);
    printf("平均分=%5.2f\n",av);
    }
```

（4）程序运行结果如图 6.13 所示。

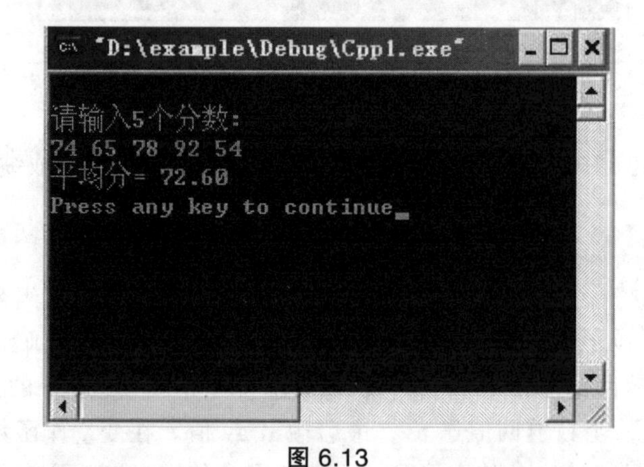

图 6.13

【例 6.13】 题目同【例 6.11】，改用数组名作函数参数。

（1）案例分析。

本程序中函数 nzp 的形参为整型数组 a，长度为 5。主函数中实参数组 b 也为整型，长度也为 5。在主函数中首先输入数组 b 的值，然后输出数组 b 的初始值，再以数组名 b 为实参调用 nzp 函数。在 nzp 中，按要求把负值单元清 0，并输出形参数组 a 的值。返回主函数之后，再次输出数组 b 的值。从运行结果可以看出，数组 b 的初值和终值是不同的，数组 b 的终值和数组 a 是相同的。这说明实参形参为同一数组，它们的值同时改变。

（2）操作步骤。

① 定义函数 nxp，形参为整型数组 a，长度为 5，定义形式 nzp（int a[5]）;

② 在主函数中定义数组 b，并对数组赋初值；

③ 在主函数中调用 nzp 函数，并显示输出调用前和调用后数组 b 的初值和终止，数组 a 的值，并观察比较有什么不同。

（3）程序源代码。

```
    #include <stdio.h>
```

```
void nzp(int a[5])
{
      int i;
      printf("\na 数组中的数值是:\n");
      for(i=0;i<5;i++)
      {
   if(a[i]<0) a[i]=0;
   printf("%d ",a[i]);
      }
}
void main()
{
      int b[5],i;
      printf("\n 请输入 5 个数\n");
      for(i=0;i<5;i++)
         scanf("%d",&b[i]);
      printf("初始化数组 b  的中的数值是:\n");
      for(i=0;i<5;i++)
         printf("%d ",b[i]);
      nzp(b);
      printf("\n 调用后数组 b 的中的数值是:\n");
      for(i=0;i<5;i++)
         printf("%d ",b[i]);
   printf("\n");
}
```

（4）程序运行结果如图 6.14 所示。

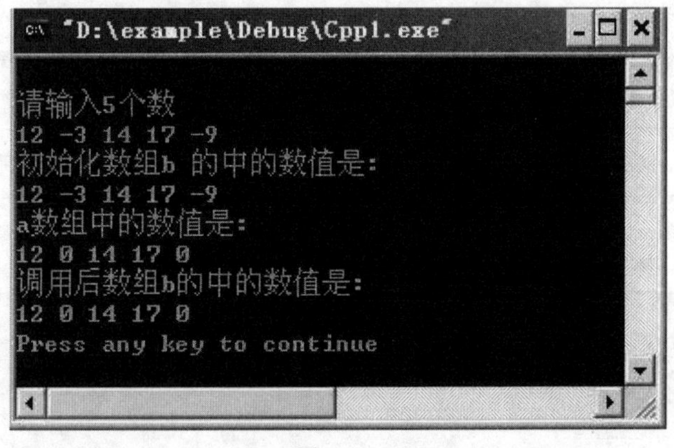

图 6.14

6.6.3　案例练习

用数组名做函数参数实现比较两数值的大小。

6.7　变量的作用域和存储类别

6.7.1　知识点

1. 局部变量与全局变量

变量是数据存在的一种形式。C 语言中变量的定义有两个属性：一是定义变量的数据类型；另一个是定义变量的存储类型。变量的数据类型规定了变量的存储空间大小和取值范围，变量的存储类型规定了变量的生存期和作用域。按作用域分可分为两种变量，一种变量在从定义点开始或整个源程序都可有效，称为全局变量。另一种变量只能在所定义的模块内部有效，称为局部变量。

2. 变量的存储类别

变量的存储类型有 4 种：自动型、寄存器型、外部型和静态型，其说明符分别为 auto、register、extern 和 static。表 6.3 分别说明了各存储类型的生存周期和作用域范围。

表 6.3　存储类型说明表

存储类型	生存周期	作用域	是否可缺省
auto	在定义该变量的函数或复合语句内。函数结束为这个自动变量所分配的存储空间被释放。	局部变量	可缺省
register	同上，如果定义为寄存器变量的数目超过所提供的寄存器数目，编译系统自动将超出的变量设为自动型	局部变量	可缺省
extern	对于外部变量，系统在编译时是将外部变量的内存单元分配在静态数据存储区，在整个程序文件运行结束后系统才收回其存储单元。从定义点开始到源程序结束。一般定义在程序体开头。	全局变量	可缺省
static	全局寿命，局部可见。程序运行结束后对应内存单元才释放	局部变量	不可缺省
	定义在所有函数体之外用关键字 static 标识，只能在所定义的文件中使用，具有局部可见性，与外部变量不同。	全局变量	不可缺省

6.7.2　案例解析

1. auto 变量

【例 6.14】　分析并比较下列程序中变量的存储类型、生命周期和作用域。

函数中的局部变量，如不专门声明即为 static 存储类别，都是动态地分配存储空间的，数据存储在动态存储区中。函数中的形参和在函数中定义的变量（包括在复合语句中定义的变量）都属此类，在调用该函数时系统会给它们分配存储空间，在函数调用结束时就自动释放这些存储空间。这类局部变量称为自动变量。自动变量用关键字 auto 作存储类别的声明。

例如：

```
int f(int a)            /*定义 f 函数，a 为参数*/
{
auto int b,c=3;         /*定义 b，c 自动变量*/
    ……
}
```

案例分析：

a 是形参，b、c 是自动变量，对 c 赋初值 3。执行完 f 函数后，自动释放 a、b、c 所占的存储单元。

关键字 auto 可以省略，auto 不写则隐含定为“自动存储类别”，属于动态存储方式。

2. 用 static 声明局部变量

有时希望函数中的局部变量的值在函数调用结束后不消失而保留原值，这时就应该指定局部变量为“静态局部变量”，用关键字 static 进行声明。

【例 6.15】 考察静态局部变量的值。

（1）程序源代码。

```
#include <stdio.h>
f(int a)
{
    auto b=0;
    static c=3;
    b=b+1;
    c=c+1;
    printf("c=%d ",c);
    return(a+b+c);
}
void main()
{
    int a=2,i;
    for(i=0;i<3;i++)
    printf("f(a)=%d\n",f(a));
}
```

（2）程序运行结果如图 6.15 所示。

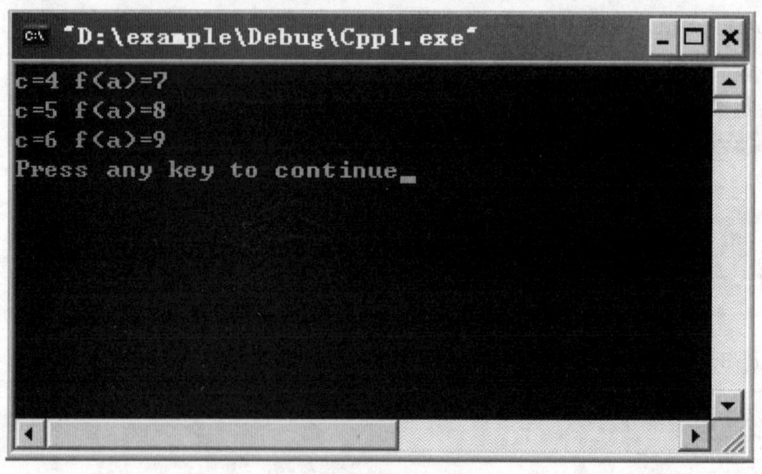

图 6.15

（3）对静态局部变量的说明。

① 静态局部变量属于静态存储类别，在静态存储区内分配存储单元。在程序整个运行期间都不释放。而自动变量（即动态局部变量）属于动态存储类别，占动态存储空间，函数调用结束后即释放。

② 静态局部变量在编译时赋初值，即只赋初值一次；而对自动变量赋初值是在函数调用时进行，每调用一次函数重新给一次初值，相当于执行一次赋值语句。

③ 如果在定义局部变量时不赋初值，则编译时对静态局部变量，自动赋初值 0（对数值型变量）或空字符（对字符变量）。而对于自动变量，如果不赋初值则它的值是一个不确定的值。

【例 6.16】 打印 1 ~ 5 的阶乘值。

```
int fac(int n)
{
    static int f=1;
      f=f*n;
      return(f);
}
void main()
{
     int i;
     for(i=1;i<=5;i++)
        printf("%d!=%d\n",i,fac(i));
}
```

3. register 变量

为了提高效率，C 语言允许将局部变量的值放在 CPU 的寄存器中，这种变量叫“寄存器变量”，用关键字 register 作声明。

【例 6.17】 使用寄存器变量。

（1）程序源代码。

```
#include <stdio.h>
int fac(int n)
{
    register int i,f=1;
    for(i=1;i<=n;i++)
    f=f*i;
    return(f);
}
void main()
{
    int i;
        for(i=0;i<=5;i++)
        printf("%d!=%d\n",i,fac(i));
}
```

（2）程序运行结果如图 6.16 所示。

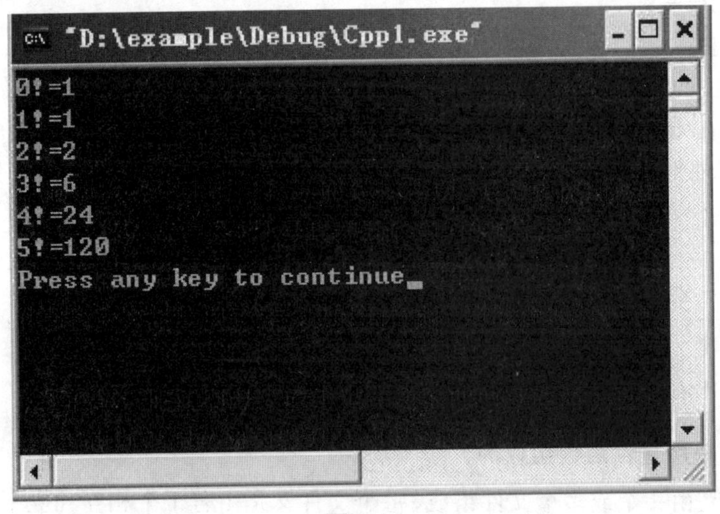

图 6.16

（3）执行说明。

① 只有局部自动变量和形式参数可以作为寄存器变量；

② 一个计算机系统中的寄存器数目有限，不能定义任意多个寄存器变量；

③ 局部静态变量不能定义为寄存器变量。

4. 用 extern 声明外部变量

外部变量（即全局变量）是在函数的外部定义的，它的作用域为从变量定义处开始，到本程序文件的末尾。如果外部变量不在文件的开头定义，其有效的作用范围只限于定义处到文件结束。如果在定义点之前的函数想引用该外部变量，则应该在引用之前用关键字 extern 对该变量作“外部变量声明”，表示该变量是一个已经定义的外部变量。有了此声明，就可以从“声明”处起，合法地使用该外部变量。

【例 6.18】 用 extern 声明外部变量，扩展程序文件中的作用域。

（1）程序源代码。

```
#include <stdio.h>
int max(int x, int y)
{
    int z;
        z=x>y?x:y;
        return(z);
}
void main()
{
        extern A,B;
            printf("%d\n", max(A,B));
}
int A=13, B=－8;
```

（2）案例分析。

在本程序文件的最后一行定义了外部变量 A、B，但由于外部变量定义的位置在函数 main 之后，因此本来在 main 函数中不能引用外部变量 A、B。现在我们在 main 函数中用 extern 对 A 和 B 进行“外部变量声明”，就可以从“声明”处起，合法地使用该外部变量 A 和 B 了。

6.8 本章小结

本章主要讲述有关函数的基本概念，总结归纳有如下几点：

1. C 语言的程序是由函数组成的

C 语言程序是由一个或多个文件组成，每个文件又是由若干个相互独立平行的函数组成。因此一个 C 语言的程序是由若干个函数组成。这些函数之间是调用关系，在诸多的函数中有且仅有一个主函数 main()，它可以调用其他函数，其他函数还可以相互调用，函数的调用是可以嵌套的。

2. 函数的定义与声明

用户自己定义函数时，要按定义函数的格式要求进行书写，函数定义好后才可调用，调用的函数一定是调用前已存在的函数。函数定义好后可调用，调用的函数一定是调用前已存在的函数，或者用户定义的，或者系统提供的。调用函数之前，一般要对函数进行声明。只有定义的函数，才可以声明，没有定义的函数，不能声明，函数的声明是指出该函数的类型。

一般情况下，函数调用前必须声明。某些情况下可以不必声明：如果函数定义是在主函数之前可以不对函数声明，如果函数定义在主函数之后必须声明。关于函数定义格式和函数声明规则，是编写 C 语言程序的基本功，初学者不要把 C 语言中函数的定义和函数的声明混为一谈。

3. 函数的类型就是函数返回值的类型

函数的类型在定义函数时必须指出，缺省的类型为 int 型。指出无返回值的函数时用 void。函数的返回值是通过 return（<表达式>）语句实现的，调用一个函数时只能从被调用函数中获得一个返回值，该返回值便是 return 语句中的表达式的值。将该表达式的值返回给调用函数，作为调用函数的值，并且按函数的类型转变表达式类型。

4. 函数的调用是采取传值方式，但是又分为传值和传址两种

传值调用是将调用函数的实参值赋给被调函数的形参，按位置顺序一一对应，因此，要求调用函数的实参与被调用函数的形参个数上相同，类型上一致，否则将会出现错误。传值调用与传址调用在机制上的区别是：前者是由调用函数将实参值生成一个副本交给被调函数，于是被调用函数中形参值的改变，只改变副本值，对原本无影响；后者由调用函数将实参的地址值给形参的指针，让形参的指针指向实参的地址，这时形参可按地址来改变实参内容。

5. 函数之间进行信息传递的三种方式

（1）返回值方式。

被调函数可以通过返回值方式，使用 return 语句向调用函数传递一个表达式的值，并且只有一个。

（2）外部变量方式。

通过在程序中定义外部变量的方法来实现函数之间的信息传递。由于外部变量在整个定义它的程序中都有作用，因此，在程序中的任意函数体内改变其值，都会将其改变值传递给另外一个函数，并且可以定义多个外部变量，实现函数间传递多个值。但是，这种方式不够安全，使用时应特别小心。

（3）传址调用方式。

通过函数间的传址调用方式可以实现两个函数间的多个信息传递，这个方法安全可靠，故经常采用。

习　题

1. 思考题

（1）C 语言中的函数定义格式是怎样的？试举例说明。

（2）C 语言中函数的声明与函数定义是一回事吗？如何进行函数声明？什么情况下函数必须声明？必须声明函数时，不去声明会发生什么现象？

（3）函数的类型与函数返回值的类型有何关系？函数的返回值是如何实现的。

2. 填　空

（1）C 语言中，函数的定义包括函数头和函数体两部分，其中函数头包括________，函数体包括________。

（2）函数的返回值是由________来实现的。

（3）函数的类型包括________。

（4）调用函数的参数称为________，被调函数的参数称为________。在传值调用过程中，要求________的个数________并且类型________。

（5）一个函数没返回值，定义时，在函数名前类型说明位置上写________。

（6）一般来说，函数类型为________型的函数不需要声明，而函数类型为________型的函数需要声明，对于________的函数必须声明。

3. 指出下列程序段中的错误并改正

（1）程序片段：

```
void main()
{
    ……
    ……
    sum(a,b);
    ……
}
……
int sum(x,y)
{
    return (x+y);
}
```

（2）程序片段：

```
void a(x);
int x;
{
    return(x+x);
}
int b(x)
{
    return(2*x);
}
void main()
{
    float towx;
    towx=b(m);
```

```
        ……
        ……
    }
```

4. 分析下列程序的输出结果

（1）程序代码如下：

```
void f(n)
int n;
{
    int x=5;
    static int y=10;
    if(n>0)
    {
        ++x;
        y++;
        printf("%d\t%d\n",x,y);
    }
}
void main()
{
    int m=1;
    f(m);
}
```

（2）程序代码如下：

```
void main()
{
    int i;
    for(i=1;i<=4;i++)
    f(i);
}
f(j)
int j;
{
    static int a=10;
    int b=1;
    b++;
    printf("%d+%d+%d=%d\n",a,b,j,a+b+j);
    a+=10;
}
```

上机实训

1. 调用函数有四种：

（1）不带返回值的无参函数调用；

（2）不带返回值的有参函数调用；

（3）带返回值的无参函数调用；

（4）带返回值的带参数的函数调用。

自定义这四种函数，并完成上述四种函数调用。

2. 从键盘上输入 10 个数并求其平均值。要求：

（1）将输入的 10 个数（可以是浮点数）放在一个数组中；

（2）写出一个求平均值的函数 average();

（3）输出平均值时要求小数点后取 2 位。

第 7 章　C 语言的指针

【学习目标】

☞ 掌握指针的基本概念，内存地址的基本结构；
☞ 掌握基本的指针对多种数据集合的访问（一般变量、数组、字符串）；
☞ 掌握指针与函数之间相互关系；
☞ 了解指向指针的指针的概念和用法。

【知识要点】

📖 指针对数据的访问；
📖 指针对数组的操作；
📖 指针与字符串；
📖 指针与函数；
📖 指针数组和指向指针的指针。

指针是 C 语言中广泛使用的一种数据类型。利用指针变量可以表示各种数据结构（数组、结构体、文件等等），能很方便地使用数组和字符串，并能像汇编语言一样处理内存地址，从而编出精练而高效的程序。指针极大地丰富了 C 语言的功能。学习指针是学习 C 语言最重要的一环，能否正确理解和灵活使用指针是是否掌握 C 语言的一个标志。

7.1　用指针实现数据访问

首先掌握指针的基本概念，然后在有了对指针的简单认识的基础上，通过几个简单案例来学习指针的使用方式。

7.1.1　知识点

1. 内存的使用

在计算机中，所有的数据都是存放在存储器中的。存储器中的一个字节称为一个内存单元（1Byte=8bit），不同数据类型占内存单元数不同，如整型（int）占 2 个字节，字符量（char）占 1 个字节等。

内存是一个存放数据的空间，是按一个字节接着一个字节的次序进行编址，如图 7.1 所示。每个字节都有个编号，称之为内存地址。

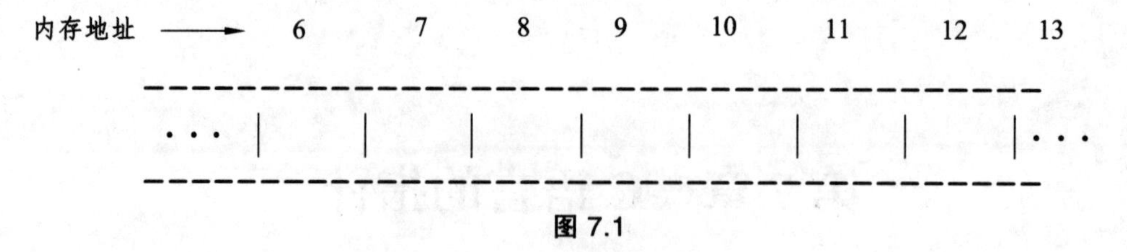

图 7.1

我们知道在使用某变量时都要事先进行声明。例如：

```
int i;
char a;
```

其实是在内存中申请一个名为 i 的整型变量宽度的空间（2 个字节），和一个名为 a 的字符型变量宽度的空间（1 个字节）。

内存中的映象可能如图 7.2 所示。

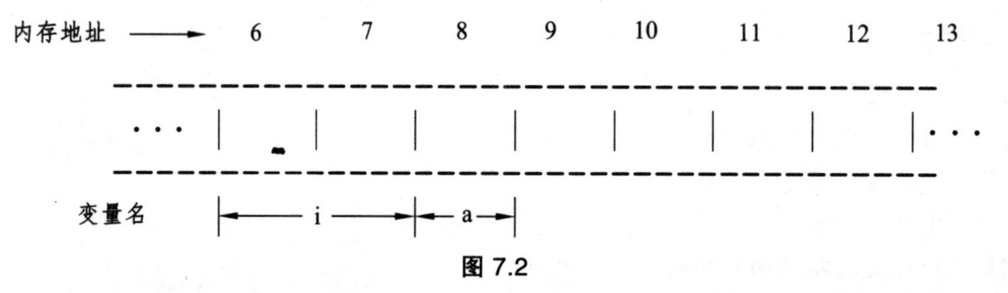

图 7.2

从图中可以看出，i 在内存起始地址为 6 上申请了 2 个字节的空间（在这里假设了 int 的宽度为 16 位，不同系统中 int 的宽度可能是不一样的），并命名为 i。a 在内存地址 8 上申请了 1 个字节的空间，并命名为 a。

又如语句：

```
i=30;
a='t';
```

是将整数 30 存入变量 i 的内存空间中，而将“t”字符存入变量 a 的内存空间中。如图 7.3 所示。

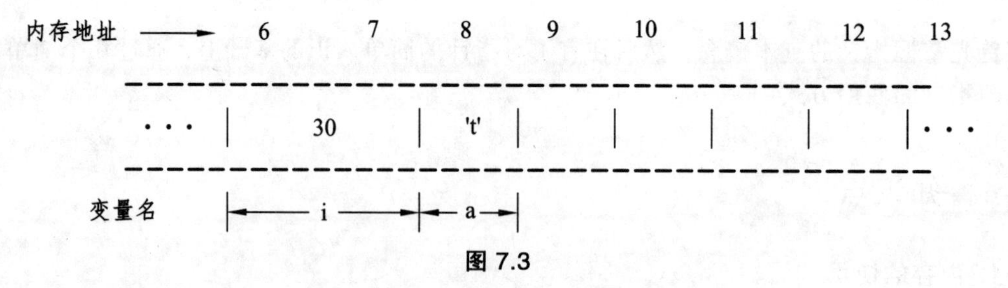

图 7.3

2. 变量的地址

&i 是返回 i 变量的地址编号。要在屏幕上显示变量的地址值的话，可以写如下代码：

```
printf ("%x", &i);
```

以图 7.3 为例，屏幕上显示的不是 i 值 30，而是显示 i 的内存地址编号 6。当然，在实际操作中，i 变量的地址值不会是这个数。

如有以下代码：

```
void main()
{
    int   i=39;
    printf( "%d\n" ,i);     /*①*/
    printf( "%d\n" ,&i);   /*②*/
    return(0);
}
```

思考：①、②两个 printf 分别在屏幕上输出的是什么？

3. 指针的概念

首先看以下声明：

```
int*pi;
```

pi 是一个指针，其实，它也只不过是一个变量而已。如图 7.4 所示。

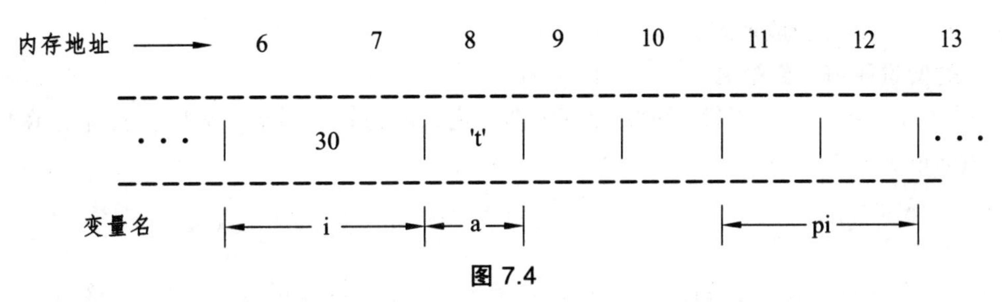

图 7.4

由图示中可以看出，使用“int*pi”声明指针变量，其实是在内存的某处声明一个一定宽度的内存空间，并把它命名为 pi。

```
pi=&i;
```

&i 是返回 i 变量的地址编号。即把 i 地址的编号赋值给 pi。结果如图 7.5 所示。

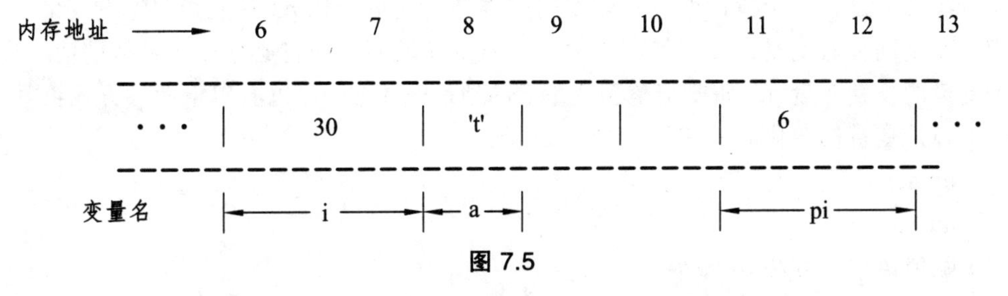

图 7.5

执行完 pi=&i 后，在图示内存中，pi 的值为 6。这个 6 就是 i 变量的地址编号，这样 pi 就指向了变量 i。指针变量所存的内容就是内存的地址编号。

```
printf("%d",*pi);
```

*pi 的内容是所指的地址的内容。pi 的内容是 6，即 pi 指向内存编号为 6 的地址。*pi 就是它所指地址的内容，即地址编号 6 的内容，是 30 这个“值”。所以屏幕上显示 30。也就是说 printf("%d",*pi)等价于 printf("%d",i)。

4. 指针和指针变量

先看下面这句代码：

```
int *pi;
```

pi 是一个指向整型变量的指针变量。在 C 语言中，允许用一个变量来存放指针，这种变量称为指针变量。因此，一个指针变量的值就是某个内存单元的地址或称为某内存单元的指针。严格地说，一个指针是一个地址，是一个常量。而一个指针变量却可以被赋予不同的指针值，是变量。但常在使用时把指针变量简称为指针。为了避免混淆，约定"指针"是指地址，是常量，"指针变量"是指取值为地址的变量。定义指针的目的是为了通过指针去访问内存单元。

5. 指针变量的定义和初始化

对指针变量的类型说明包括三个内容：

（1）指针类型说明，即定义变量为一个指针变量；

（2）指针变量名；

（3）变量值（指针）所指向的变量的数据类型。

定义指针变量的一般形式为：

类型说明符 *变量名；

其中，*表示这是一个指针变量，变量名即为定义的指针变量名，类型说明符表示本指针变量所指向的变量的数据类型。

例如：

```
int *p1;
```

表示 p1 是一个指针变量，它的值是某个整型变量的地址。或者说 p1 指向一个整型变量。

再如：

```
staic int *p2;        /*p2 是指向静态整型变量的指针变量*/
float *p3;            /*p3 是指向浮点变量的指针变量*/
char *p4;             /*p4 是指向字符变量的指针变量*/
```

应该注意的是，一个指针变量只能指向同类型的变量，如 p3 只能指向浮点变量。

指针变量同普通变量一样，使用之前不仅要定义说明，而且必须赋予具体的值。设有指向整型变量的指针变量 p，如要把整型变量 a 的地址赋予 p，可以有以下两种方式：

（1）指针变量初始化的方法。

```
int a;
int *p=&a;
```

（2）赋值语句的方法。

```
int *p;
p=&a;
```

不允许把一个数赋予指针变量，故下面的赋值是错误的：

```
int *p; p=1000;
```

被赋值的指针变量前不能再加"*"说明符，如写为*p=&a 是错误的。

6. 指针变量的引用和运算

指针变量可以进行赋值运算、部分算术运算及关系运算。

（1）取地址运算符&。

取地址运算符&是单目运算符，其结合性为自右至左，其功能是取变量的地址。在 scanf 函数及前面介绍指针变量赋值中，我们已经了解并使用了&运算符。

（2）取内容运算符*。

取内容运算符*是单目运算符，其结合性为自右至左，用来表示指针变量所指的变量。在*运算符之后跟的变量必须是指针变量。需要注意的是指针运算符*和指针变量说明中的指针说明符*不是一回事。在指针变量说明中，“*”是类型说明符，表示其后的变量是指针类型。而表达式中出现的“*”则是一个运算符用以表示指针变量所指的变量。例如：

```
void main()
{
    int a=5,*p=&a;
    printf ("%d",*p);
}
```

表示指针变量 p 取得了整型变量 a 的地址。本语句表示输出变量 a 的值。

7. 指针变量的运算

（1）赋值运算。

① 指针变量初始化赋值，前面已作介绍。

② 把一个变量的地址赋予指向相同数据类型的指针变量。例如：

```
int a,*pa;
pa=&a;          /*把整型变量 a 的地址赋予整型指针变量 pa*/
```

③ 把一个指针变量的值赋予指向相同类型变量的另一个指针变量。例如：

```
int a,*pa=&a,*pb;
pb=pa;          /*把 a 的地址赋予指针变量 pb*/
```

④ 把数组的首地址赋予指向数组的指针变量。例如：

```
int a[5],*pa;
pa=a; (数组名表示数组的首地址,故可赋予指向数组的指针变量 pa)
```

也可写为：

```
pa=&a[0];
```

当然也可采取初始化赋值的方法：

```
int a[5],*pa=a;
```

⑤ 把字符串的首地址赋予指向字符类型的指针变量。例如：

```
char *pc; pc="c language";
```

或用初始化赋值的方法写为：

```
char *pc="C Language";
```

即把存放该字符串的字符数组的首地址装入指针变量。

⑥ 把函数的入口地址赋予指向函数的指针变量。例如：

```
int(*pf)(); pf=f; /*f 为函数名*/
```

（2）加减算术运算。

对于指向数组的指针变量，可以加上或减去一个整数 n。设 pa 是指向数组 a 的指针变量，则 pa+n，pa－n，pa++，++pa，pa－－，－－pa 等运算都是合法的。指针变量加上或减去一个整数 n 的意义是把指针指向的当前位置（指向某数组元素）向前或向后移动 n 个位置。

注意数组指针变量向前或向后移动一个位置和地址加 1 或减 1 在概念上是不同的。指针变量加 1，即向后移动 1 个位置，表示指针变量指向下一个数据元素的首地址，而不是在原地址基础上加 1。

例如：

```
int a[5],*pa;
pa=a;               /*pa 指向数组 a，也是指向 a[0]*/
pa=pa+2;            /*pa 指向 a[2]，即 pa 的值为&pa[2]*/
```

指针变量的加减运算只能对数组指针变量进行，对指向其他类型变量的指针变量作加减运算毫无意义。

（3）只有指向同一数组的两个指针变量之间才能进行运算，否则运算毫无意义。

① 两指针变量相减。

两指针变量相减所得之差是两个指针所指数组元素之间相差的元素个数。实际上是两个指针值（地址）相减之差再除以该数组元素的长度（字节数）。例如，pf1 和 pf2 是指向同一浮点数组的两个指针变量，设 pf1 的值为 2010H，pf2 的值为 2000H，而浮点数组每个元素占 4 个字节，所以 pf1－pf2 的结果为（2000H－2010H）/4=4，表示 pf1 和 pf2 之间相差 4 个元素。注意，两个指针变量不能进行加法运算。

② 两指针变量进行关系运算。

指向同一数组的两指针变量进行关系运算可表示它们所指数组元素之间的关系。例如：

pf1==pf2 表示 pf1 和 pf2 指向同一数组元素。

pf1>pf2 表示 pf1 处于高地址位置。

pf1<pf2 表示 pf2 处于低地址位置。

7.1.2 案例解析

【例 7.1】 定义一个整型变量 i，i 的值为 3，请在屏幕上使用指针打印出 i 的内存地址和它的值。

（1）案例分析。

这是一个简单地用指针访问整型变量的例子，要求使用指针来打印显示出变量 i 的地址和值。

本案例中，要取得变量 i 的地址就需要用到“&”号，而取得了变量 i 的地址以后可以采用“*”来取得地址里面的内容，也就是变量 i 的值。

（2）操作步骤。

① 定义一个整型变量 i，并赋初值为 3；

② 定义一个整型指针变量*p；

③ 使用“&”号将 i 的地址赋值给指针 p；

④ 打印 p；

⑤ 打印*p。

（3）程序源代码。

```
void main()
{
    int i=3;
    int *p;
    p=&i;
    printf("%d\n",p);
    printf("%d",*p);
}
```

【例 7.2】 定义一个整型变量 i 并赋初值为 3，另外定义一个变量 j，要求在屏幕上输入 j 的值，然后比较 j 与 i 值的大小，最后在屏幕上打印出值较大的那一个变量的地址。

（1）案例分析。

该例子与【例 7.1】相比难度稍大，但也只是多了一个 if 语句而已。先判断输入的 j 值是否大于 3，如果大于则打印出 j 的地址，否则打印出 i 的地址。

（2）操作步骤。

① 定义一个整型变量 i，并赋初值为 3；

② 定义一个整型变量 j；

③ 使用 scanf 语句接收变量 j 的输入；

④ 比较变量 i 与变量 j 的大小；

⑤ 输出两者之间大的那个变量的地址。

（3）程序源代码。

```
int main()
{
    int i=3;
    int j;
    scanf("%d",&j);
    if(i>j)
    {
            printf("%d",&i);
    }
    else
    {
            printf("%d",&j);
    }
return 0;
}
```

【例 7.3】 请用指针实现两个整数之间的交换。

（1）案例分析。

本案例和之前学习的交换两个变量的值并没有多大不同，我们可以编写一个名叫swap(int*a,int*b)的函数来完成交换两个数的功能，而在传递参数给 swap 函数时，需要传递待交换数据的地址（也就是用&来获取变量地址）而不是值。

（2）操作步骤。

① 编写函数 swap(int*a,int*b)；

② 编写主函数。

（3）程序源代码。

```
#include <stdio.h>
void swap(int *a,int *b)
{
      int t=*a;
          *a=*b;
          *b=t;
}
void main()
{
       int a=5,b=6;
       printf("交换前:a=%d b=%d\n",a,b);
       swap(&a,&b);
       printf("交换后:a=%d b=%d\n",a,b);
}
```

7.1.3 案例练习

请用指针完成整数的四则运算。

7.2 用指针实现数组的转置

7.2.1 知识点

1. 数组元素的指针

一个变量有一个地址，一个数组包含若干元素，每个数组元素都在内存中占用存储单元，它们都有相应的地址。所谓数组的指针是指数组的起始地址，数组元素的指针是数组元素的地址。

2. 通过指针引用数组元素

一个数组是由连续的一块内存单元组成的。数组名就是这块连续内存单元的首地址。一个数组也是由各个数组元素（下标变量）组成的。每个数组元素按其类型不同占有相应数量的连续内存单元。一个数组元素的首地址也是指它所占有的内存单元的首地址。

定义一个指向数组元素的指针变量的方法，与以前介绍的指针变量相同。

例如：

```
int a[10];      /*定义 a 为包含 10 个整型数据的数组*/
int *p;         /*定义 p 为指向整型变量的指针*/
```

注意，因为数组为 int 型，所以指针变量也应为指向 int 型的指针变量。下面是对指针变量的赋值：

```
p=&a[0];
```

其把 a[0]元素的地址赋给指针变量 p。也就是说，p 指向 a 数组的第 0 号元素。如图 7.6 所示。

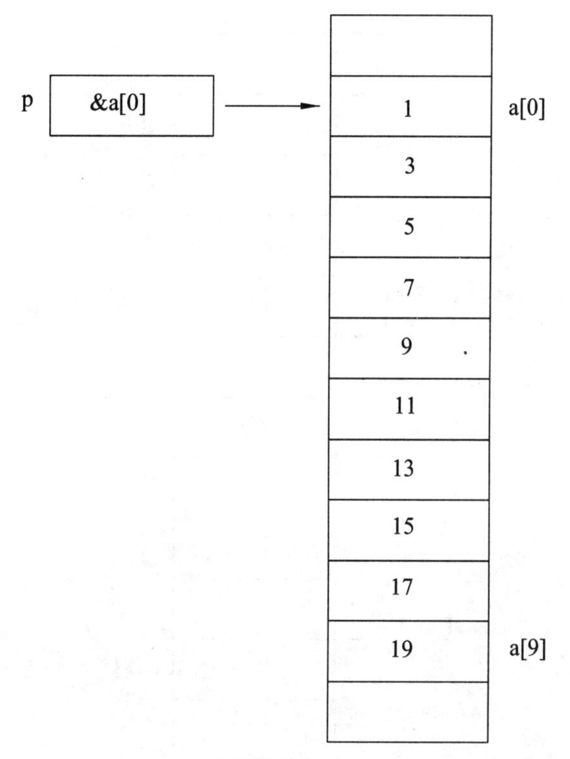

图 7.6

C 语言规定，数组名代表数组的首地址，也就是第 0 号元素的地址。因此，下面两个语句等价：

```
p=&a[0];
p=a;
```

在定义指针变量时可以赋初值，如

```
int *p=&a[0];
```

它等效于

```
int *p; p=&a[0];
```

定义时也可以写成

```
int *p=a;
```

即 p、a、&a[0]均指向同一单元，它们是数组 a 的首地址，也是 0 号元素 a[0]的首地址。应该说明的是 p 是变量，而 a、&a[0]都是常量。

数组指针变量说明的一般形式为：

类型说明符　*指针变量名;

其中，类型说明符表示所指数组的类型。

C 语言规定：如果指针变量 p 已指向数组中的一个元素，则 p+1 指向同一数组中的下一个元素。

引入指针变量后，就可以用两种方法来访问数组元素了。如果 p 的初值为&a[0]，则：

（1）p+i 和 a+i 就是 a[i]的地址，或者说它们指向 a 数组的第 i 个元素。如图 7.7 所示。

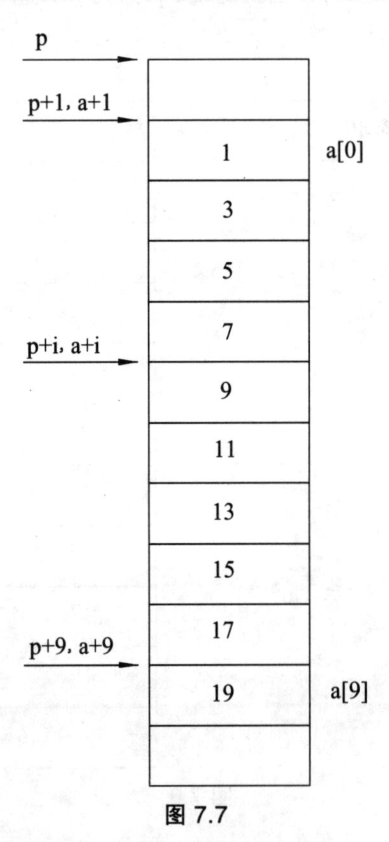

图 7.7

（2）*(p+i)或*(a+i)就是 p+i 或 a+i 所指向的数组元素，即 a[i]。例如，*(p+5)或*(a+5)就是 a[5]。

（3）指向数组的指针变量也可以带下标，如 p[i]与*(p+i)等价。

根据以上叙述，引用一个数组元素可以有以下两种方法：

（1）下标法。例如：

```
for(i=0;i<5;i++) printf("a[%d]=%d\n",i,a[i]);
```

（2）指针法。例如：

```
for(i=0;i<10;i++) printf("a[%d]=%d\n",i,*(a+i));
```

注意：

（1）指针变量可以实现本身的值的改变。如 p++是合法的，而 a++是错误的。因为 a 是数组名，它是数组的首地址，是常量。

（2）要注意指针变量的当前值。

【例 7.4】 找出下面程序的错误。

```
void main()
{
    int *p,i,a[10];
    p=a;
    for(i=0;i<10;i++)
        *p++=i;
    for(i=0;i<10;i++)
        printf("a[%d]=%d\n",i,*p++);
}
```

改正为：

```
void main()
{
    int *p,i,a[10];
    p=a;
    for(i=0;i<10;i++)
        *p++=i;
    p=a;
    for(i=0;i<10;i++)
        printf("a[%d]=%d\n",i,*p++);
}
```

从上例可以看出，虽然定义数组时指定它包含 10 个元素，但指针变量可以指到数组以后的内存单元，系统并不认为非法。

注意：

（1）由于++和*同优先级，结合方向自右而左，*p++等价于*(p++)。

（2）*(p++)与*(++p)作用不同。若 p 的初值为 a，则*(p++)等价 a[0]，*(++p)等价 a[1]。

（3）(*p)++表示 p 所指向的元素值加 1。

（4）如果 p 当前指向 a 数组中的第 i 个元素，则*(p－－)相当于 a[i－－]；*(++p)相当于 a[++i]；*(－－p)相当于 a[－－i]。

3. 用数组名作函数参数

可以用数组名可以作函数的实参和形参。例如：

```
main()
{
    int array[10];
    ……
    f(array,10);
    ……
}
f(int arr[],int n);
{
    ……
}
```

array 为实参数组名，arr 为形参数组名。数组名就是数组的首地址，实参向形参传送数组名实际上就是传送数组的地址，形参得到该地址后也指向同一数组，如图 7.8 所示。

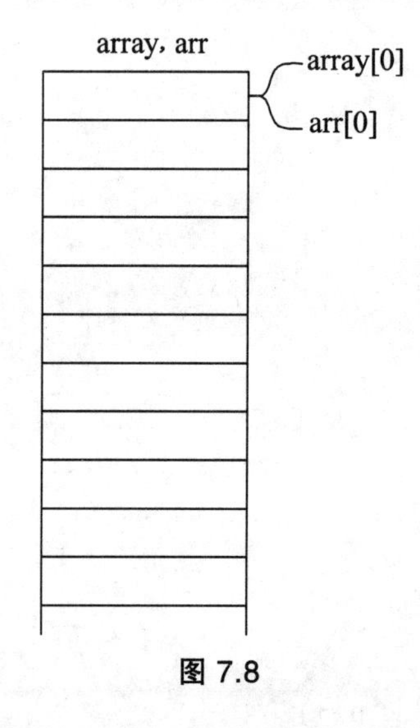

图 7.8

同样，指针变量的值也是地址，数组指针变量的值即为数组的首地址，当然也可作为函数的参数使用。

【例 7.5】

```
float aver(float *pa);
void main()
{
    float sco[5],av,*sp;
    int i;
    sp=sco;
    printf("\ninput 5 scores:\n");
    for(i=0;i<5;i++) scanf("%f",&sco[i]);
    av=aver(sp);
```

```
        printf("average score is %5.2f",av);
}
float aver(float *pa)
{
        int i;
        float av,s=0;
        for(i=0;i<5;i++) s=s+*pa++;
        av=s/5;
        return av;
}
```

4. 多维数组与指针

本小节以二维数组为例介绍多维数组的指针变量。

设有整型二维数组 a[3][4]如下：

```
0   1   2   3
4   5   6   7
8   9   10  11
```

它的定义为：

```
int a[3][4]={{0,1,2,3},{4,5,6,7},{8,9,10,11}}
```

设数组 a 的首地址为 1000，则其各下标变量的首地址及其值如图 7.9 所示。

10000	10000	10000	10000
10084	10105	10126	10147
10168	10189	10201	10212

图 7.9

前面介绍过，C 语言允许把一个二维数组分解为多个一维数组来处理。因此，数组 a 可分解为三个一维数组，即 a[0]、a[1]、a[2]。每一个一维数组又含有四个元素。例如，a[0]数组，含有 a[0][0]，a[0][1]，a[0][2]，a[0][3]四个元素。如图 7.10 所示。

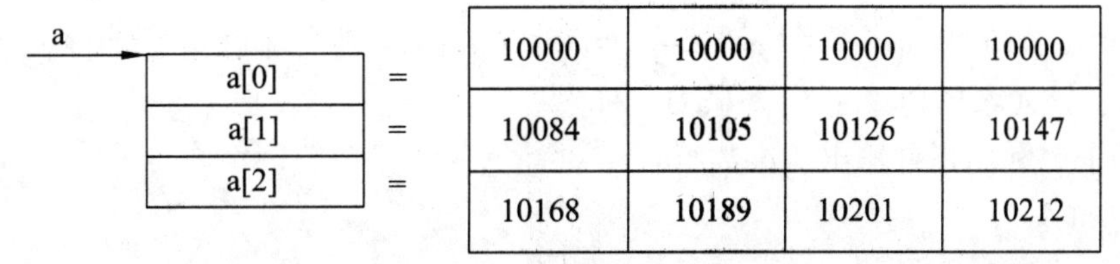

图 7.10

数组及数组元素的地址表示如下：

从二维数组的角度来看，a 是二维数组名，a 代表整个二维数组的首地址，也是二维数组 0 行的首地址，等于 1000。a+1 代表第一行的首地址，等于 1008。如图 7.11 所示。

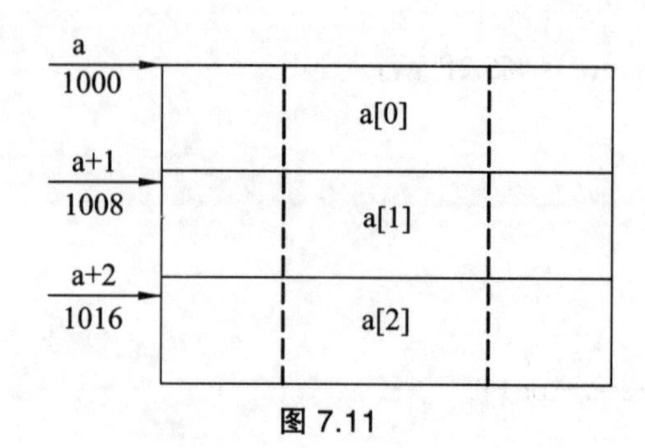

图 7.11

a[0]是第一个一维数组的数组名和首地址，因此也为 1000。*（a+0）或*a 是与 a[0]等效的，它表示一维数组 a[0]的 0 号元素的首地址，也为 1000。&a[0][0]是二维数组 a 的 0 行 0 列元素的首地址，同样是 1000。因此，a、a[0]、*（a+0）、*a，&a[0][0]是相等的。

同理，a+1 是二维数组 1 行的首地址，等于 1008。a[1]是第二个一维数组的数组名和首地址，因此也为 1008。&a[1][0]是二维数组 a 的 1 行 0 列元素地址，也是 1008。因此，a+1、a[1]、*（a+1）、&a[1][0]是等同的。

由此可得出：a+i、a[i]、*（a+i）、&a[i][0]是等同的。

此外，&a[i]和 a[i]也是等同的。因为在二维数组中不能把&a[i]理解为元素 a[i]的地址，不存在元素 a[i]。C 语言规定，它是一种地址计算方法，表示数组 a 第 i 行首地址。由此，我们得出：a[i]、&a[i]、*（a+i）和 a+i 也都是等同的。

另外，a[0]也可以看成是 a[0]+0，是一维数组 a[0]的 0 号元素的首地址，而 a[0]+1 则是 a[0]的 1 号元素首地址，由此可得出 a[i]+j 则是一维数组 a[i]的 j 号元素首地址，它等于&a[i][j]。

数组 a 对应元素地址如图 7.12 所示。

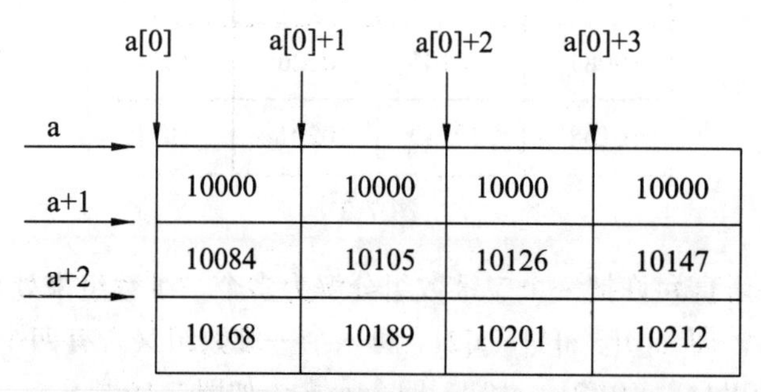

图 7.12

由 a[i]=*（a+i）得 a[i]+j=*（a+i）+j。由于*（a+i）+j 是二维数组 a 的 i 行 j 列元素的首地址，所以，该元素的值等于*（*（a+i）+j）。

【例 7.6】 利用指针输出二维数组。

```
void main()
{
    int a[3][4]={0,1,2,3,4,5,6,7,8,9,10,11};
    printf("%d,",a);
    printf("%d,",*a);
    printf("%d,",a[0]);
```

```
        printf("%d,",&a[0]);
        printf("%d\n",&a[0][0]);
        printf("%d,",a+1);
        printf("%d,",*(a+1));
        printf("%d,",a[1]);
        printf("%d,",&a[1]);
        printf("%d\n",&a[1][0]);
        printf("%d,",a+2);
        printf("%d,",*(a+2));
        printf("%d,",a[2]);
        printf("%d,",&a[2]);
        printf("%d\n",&a[2][0]);
        printf("%d,",a[1]+1);
        printf("%d\n",*(a+1)+1);
        printf("%d,%d\n",*(a[1]+1),*(*(a+1)+1));
}
```

5. 指向多维数组的指针变量

把二维数组 a 分解为一维数组 a[0]、a[1]、a[2]之后，设 p 为指向二维数组的指针变量，可定义为：

```
int(*p)[4];
```

它表示 p 是一个指针变量，它指向包含 4 个元素的一维数组。若指向第一个一维数组 a[0]，其值等于 a、a[0]或&a[0][0]等。而 p+i 则指向一维数组 a[i]。从前面的分析可得出*(p+i)+j 是二维数组 i 行 j 列的元素的地址，而*(*(p+i)+j)则是 i 行 j 列元素的值。

二维数组指针变量说明的一般形式为：

类型说明符 （*指针变量名）[长度]

其中，“类型说明符”为所指数组的数据类型；“*”表示其后的变量是指针类型；“长度”表示二维数组分解为多个一维数组时，一维数组的长度，也就是二维数组的列数。应注意“(*指针变量名)”两边的括号不可少，如缺少括号则表示是指针数组（本章后面介绍），意义就完全不同了。

7.2.2 案例解析

【例 7.7】 定义一个整型数组 a[10]，初始化值为 0～9，请用指针依次输出数据 a 中的值。

（1）案例分析。

这是一个简单地用指针访问整型数据的例子，主要考察使用指针遍历数据值的知识点。可以采用 p=&a[0]来得到数组的首地址，然后依次用*(p+i)来输出数组的值。

（2）操作步骤。

① 定义一个整型数组 a，并赋初值为 0 ~ 9；

② 定义一个整型指针变量*p；

③ 将数组 a 的首地址赋给指针变量 p；

④ 循环输出数组的值。

（3）程序源代码。

```
void main()
{
    int a[10]={0,1,2,3,4,5,6,7,8,9};
    int *p;
    p=a;
    for(int i=0;i<10;i++)
    {
        printf("%d",*(p+i));
    }
}
```

【例 7.8】 将数组 a 中的 n 个整数按相反顺序存放。

（1）案例分析。

将 a[0]与 a[n – 1]对换，再将 a[1]与 a[n – 2]对换……，直到将 a[（n – 1/2）]与 a[n – int((n – 1）/2）]对换。此例用循环处理，设两个“位置指示变量”i 和 j，i 的初值为 0，j 的初值为 n – 1。将 a[i]与 a[j]交换，然后使 i 的值加 1，j 的值减 1，再将 a[i]与 a[j]交换，直到 i=（n – 1）/2 为止，如图 7.13 所示。

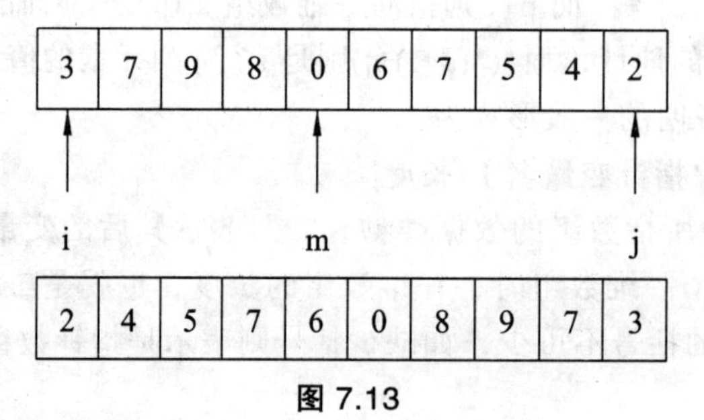

图 7.13

（2）操作步骤。

① 编写 swap 函数，完成两个整数的交换功能；

② 初始化数组 a；

③ 定义指针变量 p，并将其指向数组 a 的首地址；

④ 循环交换数组的值。

（3）程序源代码。

```
void inv(int *x,int n)     /*形参 x 为指针变量*/
{
```

```
    int *p,temp,*i,*j,m=(n - 1)/2;
    i=x;j=x+n - 1;p=x+m;
    for(;i<=p;i++,j -- )
    {
    temp=*i;*i=*j;*j=temp;}
    return;
}
void main()
{
    int i,a[10]={3,7,9,11,0,6,7,5,4,2};
    printf("The original array:\n");
    for(i=0;i<10;i++)
    printf("%d,",a[i]);
    printf("\n");
    inv(a,10);
    printf("The array has benn inverted:\n");
    for(i=0;i<10;i++)
    printf("%d,",a[i]);
    printf("\n");
}
```

【例 7.9】 实现对二维数组 int a[3][4]={0，1，2，3，4，5，6，7，8，9，10，11}的遍历输出（矩阵形式）。

（1）案例分析。

前面介绍过，C 语言允许把一个二维数组分解为多个一维数组来处理。因此，数组 a 可分解为三个一维数组，即 a[0]、a[1]、a[2]。每一个一维数组又含有 4 个元素。从二维数组的角度来看，a 是二维数组名，a 代表整个二维数组的首地址，也是二维数组 0 行的首地址。a+1 代表第一行的首地址，a+2 为第二行首地址，a+3 为第三行首地址。特别需要注意的是：二维数组名是指向行的，它不能对如下说明的指针变量 p 直接赋值。其原因就是 p 与 a 的对象性质不同，或者说二者不是同一级指针。C 语言可以通过定义行数组指针的方法，使得一个指针变量与二维数组名具有相同的性质。行数组指针的定义方法如下：

数据类型（*指针变量名）[二维数组列数];

例如，对于上述 a 数组，行数组指针定义为：

Int(*p)[4];

它表示，数组*p 有 4 个 int 型元素，分别为（*p）[0]、（*p）[1]、（*p）[2]、（*p）[3]，亦即 p 指向的是有 4 个 int 型元素的一维数组，即 p 为行指针。此时，可用如下方式对指针 p 赋值：

p=a;

（2）操作步骤。

① 初始化二维数组 a[3][4]；

② 定义行数组指针(*p)[4]；

③ 利用嵌套循环来依次输出二维数组的值。

（3）程序源代码。

```
int main()
{
    int a[3][4]={0,1,2,3,4,5,6,7,8,9,10,11};
    int (*p)[4];
    p=a;
    for(int i=0;i<3;i++)
    {
        for(int j=0;j<4;j++)
        {
            printf("%d\t",*(p[i]+j));
        }
    }
}
```

7.2.3 案例练习

用指针实现 3×3 的二维数组转置。

7.3 字符串与指针

7.3.1 知识点

1. 字符串的表示形式

在 C 语言中，可以用两种方法访问一个字符串。

（1）用字符数组存放一个字符串，然后输出该字符串。

【例 7.10】 字符串指针举例。

```
void main()
{
    char string[]="I love China!";
    printf("%s\n",string);
}
```

说明：和前面介绍的数组属性一样，string 是数组名，它代表字符数组的首地址。如图 7.14 所示。

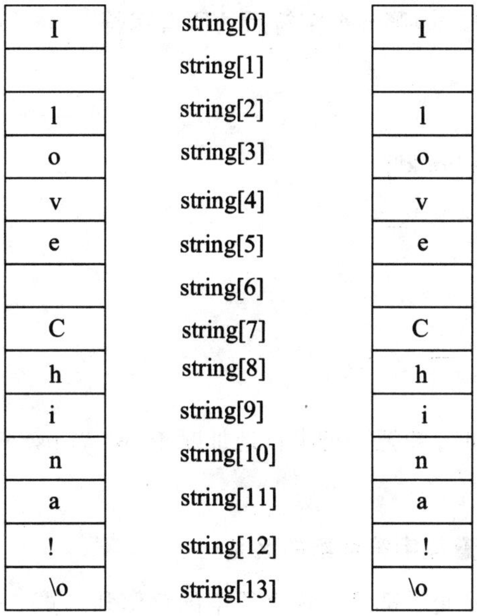

I	string[0]	I
	string[1]	
l	string[2]	l
o	string[3]	o
v	string[4]	v
e	string[5]	e
	string[6]	
C	string[7]	C
h	string[8]	h
i	string[9]	i
n	string[10]	n
a	string[11]	a
!	string[12]	!
\o	string[13]	\o

图 7.14

（2）用字符串指针指向一个字符串。

【例 7.11】

```
void main()
{
     char *string="I love China!";
     printf("%s\n",string);
}
```

字符串指针变量的定义说明与指向字符变量的指针变量说明是相同的。只能按对指针变量的赋值不同来区别。对指向字符变量的指针变量应赋予该字符变量的地址。例如：

```
char c,*p=&c;
```

表示 p 是一个指向字符变量 c 的指针变量。

而：

```
char *s="C Language";
```

则表示 s 是一个指向字符串的指针变量。把字符串的首地址赋予 s。

上例中，首先定义 string 是一个字符指针变量，然后把字符串的首地址赋予 string（应写出整个字符串，以便编译系统把该串装入连续的一块内存单元），并把首地址送入 string。程序中的：

```
char *ps="C Language";
```

等效于

```
char *ps;
ps="C Language";
```

【例 7.12】 输出字符串中第 n 个字符后的所有字符。

```
void main()
{
    char *ps="this is a book";
    int n=10;
    ps=ps+n;
    printf("%s\n",ps);
}
```

运行结果为：book。

在程序中对 ps 初始化时，即把字符串首地址赋予 ps，当 ps=ps+10 之后，ps 指向字符“b”，因此输出为"book"。

2. 使用字符串指针变量与字符数组的区别

用字符数组和字符指针变量都可实现字符串的存储和运算。但两者是有区别的，在使用时应注意以下几个问题：

字符串指针变量本身是一个变量，用于存放字符串的首地址。而字符串本身是存放在以该首地址为首的一块连续的内存空间中并以'\0'作为串的结束的。字符数组是由若干个数组元素组成的，它可用来存放整个字符串。

对字符串指针赋值方式为：

```
char *ps="C Language";
```

可以写成

```
char *ps;
ps="C Language";
```

而对数组赋值方式：

```
static char st[]={"C Language"};
```

不能写成

```
char st[20];
st={"C Language"};
```

而只能对字符数组的各元素逐个赋值。

从以上几点可以看出字符串指针变量与字符数组在使用时的区别，同时也可看出使用指针变量更加方便。

前面说过，当一个指针变量在未取得确定地址前使用是危险的，容易引起错误。但是对指针变量直接赋值是可以的。因为 C 系统对指针变量赋值时要给以确定的地址。因此，如：

```
char *ps="C Langage";
```

或者

```
char *ps;ps="C Language";
```

都是合法的。

7.3.2 案例解析

【例 7.13】 初始化 char *ps="this is a book"，并在屏幕上打印出该字符串。

（1）案例分析。

这是一个简单地使用指针字符串的例子，主要考察使用指针遍历字符串值的知识点。

本案例中，字符指针 ps 是指向字符串"this is a book"的首地址的，考虑用循环语句来依次输出字符。需要特别注意的是在输出字符的时候使用的 printf（"%c"），要使用%c，如果不慎使用了%s，那么输出的不是某一个字符而是整个字符串。请读者重点留意。

（2）操作步骤。

① 初始化字符指针 ps；

② 循环输出每个字符。

（3）程序源代码。

```
void main()
{
    char *ps="this is a book";
    for(int i=0;i<15;i++)
    printf("%c",*(ps+i));
}
```

【例 7.14】 将字符串 a="I Love C Language"复制到字符串 b 中。

（1）案例分析。

本案例中，声明一个字符串指针以后，我们可以考虑定义一个字符数组来存储待复制字符串，然后可以采用循环的方式来依次将字符复制到字符数组中去。值得注意的是字符串的结束符'\0'是判断字符串是否已经遍历完成的重要标志。

（2）操作步骤。

① 初始化字符指针 ps；

② 定义字符数组 b；

③ 设定循环继续条件：*(s+i)!='\0'；

④ 循环复制给字符数组 b。

（3）程序源代码。

```
void main()
{
    char *s=" I Love C Language ";
    char b[17];
    int i=0;
    while(*(s+i)!='\0')
    {
        b[i]=*(s+i);
        i++;
    }
}
```

【例 7.15】 比较字符串 a="zhangsan"，b="lisi"，c="wangwu"的大小，按从大到小的顺序输出。

（1）案例分析。

由于比较字符串的大小的本质就是比较姓氏英文字母的 ASCII 码，ASCII 码大者字符串就大。我们可以先用 a 和 b 比较，然后 a 和 c 比较，最后 b 和 c 比较。

比较出大小后，必定就需要交换顺序，所以需要定义一个中间变量数组 char *tt。最后使用 strcmp（str1，str2）函数完成名字交换。

（2）操作步骤。

① 初始化字符指针 a、b、c；

② 利用 strcmp()函数比较字符串的大小；

③ 交换符合条件的字符串；

④ 输出排好序的字符串。

（3）程序源代码。

```
#include <stdio.h>
#include "string.h"                /*因为用到 strcmp()*/
void main()
{
    char *a="zhangsan",*b="lisi",*c="wangwu",*tt;
    if( strcmp(a,b)<0)
        {tt=a;a=b;b=tt;}
   if( strcmp(a,c)<0)
        {tt=a;a=c;c=tt;}
   if( strcmp(b,c)<0)
        {tt=b;b=c;c=tt;}
   printf("输出的姓名为:\n");
   printf("%s\n",a);
   printf("%s\n",b);
   printf("%s\n",c);
}
```

7.4 指向函数的指针

7.4.1 知识点

1. 用函数指针变量调用函数

在 C 语言中，一个函数总是占用一段连续的内存区，而函数名就是该函数所占内存区的首地址。我们可以把函数的这个首地址（或称入口地址）赋予一个指针变量，使该指针变量指向该函数。然后通过指针变量就可以找到并调用这个函数。我们把这种指向函数的指针变量称为“函数指针变量”。

函数指针变量定义的一般形式为：

类型说明符（*指针变量名）();

其中，“类型说明符”表示被指函数的返回值的类型；“（*指针变量名）”表示“*”后面的变量是定义的指针变量；最后的空括号表示指针变量所指的是一个函数。

例如：

```
int(*pf)();
```

表示 pf 是一个指向函数入口的指针变量，该函数的返回值（函数值）是整型。

函数指针变量形式调用函数的步骤如下：

（1）先定义函数指针变量，如【例 7.15】程序中第 9 行：

```
int(*pmax)();
```

定义 pmax 为函数指针变量。

（2）把被调函数的入口地址（函数名）赋予该函数指针变量，如【例 7.15】程序中第 11 行：

```
pmax=max;
```

（3）用函数指针变量形式调用函数，如【例 7.15】程序中第 14 行：

```
z=(*pmax)(x,y);
```

（4）调用函数的一般形式为：

（*指针变量名）(实参表)

使用函数指针变量还应注意以下两点：

（1）函数指针变量不能进行算术运算，这是与数组指针变量不同的。数组指针变量加减一个整数可使指针移动，指向后面或前面的数组元素，而函数指针的移动是毫无意义的。

（2）函数调用中“（*指针变量名）”的两边的括号不可少，其中的“*”不应该理解为求值运算，在此处它只是一种表示符号。

2. 用指向函数的指针作函数参数

函数的指针可以作为一个参数传递给另外一个函数。一个函数用函数指针作参数，意味着这个函数的一部分工作需要通过函数指针调用另外的函数来完成，这被称为“回调（callback）”。处理图形用户接口的许多 C 库函数都用函数指针作参数，因为创建显示风格的工作可以由这些函数本身完成，但确定显示内容的工作需要由应用程序完成。

假设有一个由字符指针组成的数组，想按这些指针指向的字符串的值对这些指针进行排序，可以使用 qsort()函数，而 qsort()函数需要借助函数指针来完成这项任务。qsort()函数有 4 个参数：

（1）指向数组开头的指针；

（2）数组中的元素数目；

（3）数组中每个元素的大小；

（4）指向一个比较函数的指针。

qsort()函数返回一个整型值。

比较函数有两个参数，分别指向要比较的两个元素的指针。当要比较的第一个元素大于、等于或小于第二个元素时，比较函数分别返回一个大于 0、等于 0 或小于 0 的值。一个比较两个整型值的函数如：

```
int icmp(const int    *p1,const int    *p2)
{
    return *p1 - *p2;
}
```

排序算法和交换算法都是 qsort()函数的部分内容。qsort()函数的交换算法代码只负责拷贝指定数目的字节（可能调用 memcpy()或 memmove()函数），因此，qsort()函数不知道要对什么样的数据进行排序，也就不知道如何比较这些数据。比较数据的工作将由函数指针所指向的比较函数来完成。

对于本例，不能直接用 strcmp()函数作比较函数，其原因有两点：第一，strcmp()函数的类型与本例不符（见下文介绍）；第二，srtcmp()函数不能直接对本例起作用。strcmp()函数的两个参数都是字符指针，它们都被 strcmp()函数看作是字符串中的第一个字符，本例要处理的是字符指针（char *s），因此比较函数的两个参数必须都是指向字符指针的指针。本例最好使用下面这样的比较函数：

```
int strpcmp(const void *p1,const void *p2)
{
    char   * const   *sp1=(char   *   const   *)p1;
    char const *sp2=(char *const *)p2;
    return strcmp(*sp1,*sp2);
}
```

本例对 qsort()函数的调用可以表示为：

```
    qsort(array，numElements，sizeof(char *)，pf2);
```

这样，每当 qsort()函数需要比较两个字符指针时，它就可以调用 strpcmp()函数了。

为什么不能直接将 strcmp()函数传递给 qsort()函数呢?为什么 strpcmp()函数中的参数是如此一种形式呢?因为函数指针的类型是由它所指向的函数的返回值类型及其参数的数目和类型共同决定的，而 qsort()函数要求比较函数含两个 const void *类型的参数：

```
    void qsort(void *base,
        size_t numElernents,
        size_t sizeOfElement,
        int(*compFunct)(const void *,const void *));
```

qsort()函数不知道要对什么样的数据进行排序，因此，base 参数和比较函数中的两个参数都是 void 指针。这一点很容易理解，因为任何指针都能被转换成 void 指针，并且不需要强制转换。但是，qsort()函数对函数指针参数的类型要求就苛刻一些了。本例要排序的是一个字符指针数组，尽管 strcmp()函数的比较算法与此相符，但其参数的类型与此不符，所以在本例中 strcmp()函数不能直接被传给 qsort()函数。在这种情况下，最简单和最安全的方法是将一个参数类型符合 qsort()函数要求的比较函数传给 qsort()函数，而将比较函数的参数强制转换成 strcmp()函数所要求的类型后，再传给 strcmp()函数。strpcmp()函数的作用正是如此。

不论 C 程序在什么样的环境中运行，char *类型和 void 类型之间都能进行等价的转换。因此，可以通过强制转换函数指针类型使 qsort()函数中的函数指针参数指向 strcmp()函数，而不必另外定义一个 strpcmp()这样的函数。例如：

```
char      table[NUM_ELEMENTS][LEMENT_SIZE);
/*   . . .    */
qsort(table，NUM_ELEMENTS，ELEMENT_SIZE，
(int(*)(const void *，const void *))strcmp);
```

不管是强制转换 strpcmp()函数的参数的类型，还是强制转换指向 strcmp()函数的指针的类型，都必须小心进行，因为稍有疏忽，就会使程序出错。在实际编程中，转换函数指针的类型更容易使程序出错。

7.4.2 案例解析

【例 7.16】 利用指向函数的指针，实现求两个数中的较大者。

（1）案例分析。

这是一个简单地使用指向函数的指针的例子，主要考察使用指向函数的指针的知识点。

本案例中，需首先写出比较两个数大小的函数 max(int a,int b)，然后在主函数中定义一个函数指针(*pmax)()，再将其指向 max 函数。特别需要注意的是由于取地址符号“*”的优先级没有“()”高，所以“*”前面的括号不可少。

（2）操作步骤。

① 编写 max 函数；

② 在主函数中声明函数指针(*pmax)();

③ 将 pmax 指向函数 max；

④ 调用(*pmax)(x,y)完成大小比较。

（3）程序源代码。

```
int max(int a,int b)
{
    if(a>b)return a;
    else return b;
}
void main()
{
    int max(int a,int b);
    int (*pmax)();
    int x,y,z;
    pmax=max;
    printf("input two numbers:\n");
    scanf("%d%d",&x,&y);
```

```
    z=(*pmax)(x,y);
    printf("maxmum=%d",z);
}
```

【例 7.17】 定义两个函数指针，两个完成加法功能的函数它们。

（1）案例分析。

本案例中，需首先写出两个加法函数 add1 和 add2，然后在主函数中定义两个函数指针(*p1)()和(*p2)()，再将它们分别指向 add1 和 add2 函数。

（2）操作步骤。

① 编写 add1 函数和 add2 函数；

② 在主函数中声明函数指针(*p1)()和(*p2)()；

③ 将(*p1)()指向函数 add1；

④ 将(*p2)()指向函数 add2；

⑤ 分别调用(*p1)(x,y)和(*p2)(x,y)完成加法功能。

（3）程序源代码。

```
include "stdio.h"
int add1(int a1,int b1);
int add2(int a2,int b2);
int add1(int a1,int b1)
{
    return a1+b1;
}
int add2(int a2,int b2)
{
    return a2+b2;
}
void main()
{
    int a1=1,b1=2;
    int a2=2,b2=3;
    int (*p1)();
    int (*p2)();
    p1=add1;
    p2=add2;
    printf("%d ,%d\n",(*p1)(a1,b1),(*p2)(a2,b2));
    getch();
}
```

【例 7.18】 将两个完成加法功能的函数指向函数指针数组。

（1）案例分析。

这是一个在函数指针的基础上将函数指针变为函数指针数组的例子。

首先声明两个加法函数 add1 和 add2，然后在主函数中定义函数指针变量数组来存放 add1 和 add2 两个函数的首地址来完成该案例。

（2）操作步骤。

① 编写 add1 函数和 add2 函数；

② 在主函数中声明函数指针数组(*op[2](int a,int b))；

③ 将 op[0]指向函数 add1；

④ 将 op[1]指向函数 add2；

⑤ 分别调用 op[0](x,y)和 op[1](x,y)完成加法功能。

（3）程序源代码。

```
include "stdio.h"
int add1(int a1,int b1);
int add2(int a2,int b2);
int add1(int a1,int b1)
{
    return a1+b1;
}
int add2(int a2,int b2)
{
    return a2+b2;
}
void main()
{
    int a1=1,b1=2;
    int a2=2,b2=3;
    int (*op[2])(int a,int b);              /*声明函数指针数组*/
    op[0]=add1;
    op[1]=add2;
    printf("%d %d\n",op[0](a1,b1),op[1](a2,b2));
    getch();
}
```

7.4.3 案例练习

假设你将设计一个“商店打折管理程序”，该商店有“不打折”、“打八折”、“打五折”三种打折方式。请使用“指向函数的指针作函数参数”的知识点来实现这个程序。

7.5 指针数组和指向指针的指针

7.5.1 知识点

1. 指针数组的概念

一个数组的元素值为指针则是指针数组。指针数组是一组有序的指针的集合。指针数组的所有元素都必须是具有相同存储类型和指向相同数据类型的指针变量。

指针数组说明的一般形式为：

类型说明符 *数组名[数组长度]

其中，类型说明符为指针值所指向的变量的类型。

例如：

```
int *pa[3];
```

表示 pa 是一个指针数组，它有三个数组元素，每个元素值都是一个指针，指向整型变量。

注意，指针数组和函数指针数组是不一样的，请读者注意区别。

应该注意指针数组和二维数组指针变量的区别。这两者虽然都可用来表示二维数组，但是其表示方法和意义是不同的。

二维数组指针变量是单个的变量，其一般形式中的“(*指针变量名)”两边的括号不可少。而指针数组类型表示的是多个指针（一组有序指针），在一般形式中的“*指针数组名”两边不能有括号。

例如：

```
int(*p)[3];
```

表示一个指向二维数组的指针变量。该二维数组的列数为 3 或分解为一维数组的长度为 3。而：

```
int *p[3];
```

表示 p 是一个指针数组，有三个下标变量，p[0]、p[1]、p[2]均为指针变量。

指针数组也常用来表示一组字符串，这时指针数组的每个元素被赋予一个字符串的首地址。指向字符串的指针数组的初始化更为简单。

2. 指向指针的指针

如果一个指针变量存放的又是另一个指针变量的地址，则称这个指针变量为指向指针的指针变量。

在前面已经介绍过，通过指针访问变量称为间接访问。由于指针变量直接指向变量，所以称为“单级间址”。而如果通过指向指针的指针变量来访问变量则构成“二级间址”，如图7.15 所示。

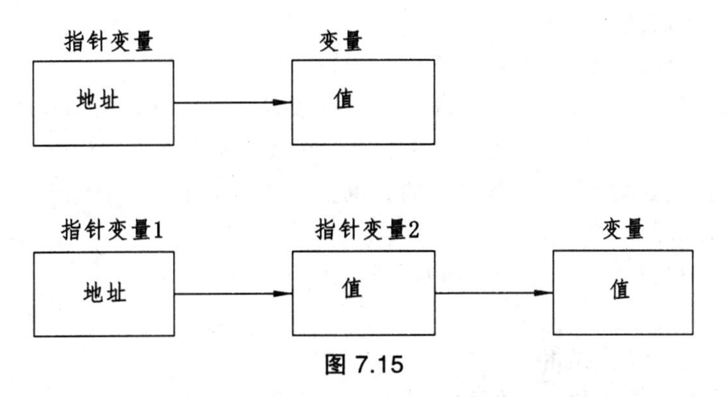

图 7.15

图 7.16 中，name 是一个指针数组，它的每一个元素是一个指针型数据，其值为地址。name 是一个数据，它的每一个元素都有相应的地址。数组名 name 代表该指针数组的首地址。name+1 是 name[i]的地址，它就是指向指针型数据的指针（地址）。还可以设置一个指针变量 p，使它指向指针数组元素。P 就是指向指针型数据的指针变量。

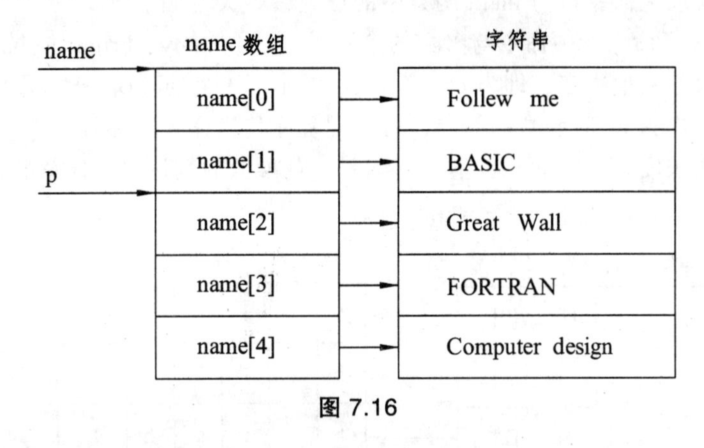

图 7.16

怎样定义一个指向指针型数据的指针变量呢？例如：

```
char **p;
```

p 前面有两个“*”号，相当于*（*p）。显然*p 是指针变量的定义形式，如果没有最前面的“*”号，那就是定义了一个指向字符数据的指针变量。现在它前面又有一个“*”号，表示指针变量 p 是指向一个字符指针型变量的。*p 就是 p 所指向的另一个指针变量。如果有：

```
p=name+2;
printf("%o\n",*p);
printf("%s\n",*p);
```

则，第一个 printf 函数语句输出 name[2]的值（它是一个地址），第二个 printf 函数语句以字符串形式（%s）输出字符串“Great Wall”。

3. 指针数组作 main 函数的形参

main 函数的一般形式为：

main()

实际上 main 函数可以是无参函数，也可以是有参函数。对于有参的形式来说，就需要向其传递参数。main 函数带参的形式如：

main (int argc，char *argv[])

从函数参数的形式上看，包含一个整型和一个指针数组。当一个 C 的源程序经过编译、连接后，会生成扩展名为.exe 的可执行文件，这是可以在操作系统下直接运行的文件，对于 main 函数来说，其实际参数和命令是一起给出的，也就是在一个命令行中包括命令名和需要传给 main 函数的参数。命令行的一般形式为：

命令名　参数 1　参数 2……参数 n

例如：

d:\debug\1 hello hi yeah

命令行中的命令就是可执行文件的文件名，如语句中的 d：\debug\1，命令名和其后所跟参数之间需用空格分隔。

设命令行为：file1 happy bright glad

其中，file1 为文件名，也就是一个由 file1.c 经编译、连接后生成的可执行文件 file1.exe，其后各跟 3 个参数。以上命令行与 main 函数中的形式参数关系如下：

参数 argc 记录了命令行中命令与参数的个数（file1、happy、bright、glad），共 4 个，指针数组的大小由参数的值决定，即为 char *argv[4]，该指针数组的取值情况如图 7.17 所示。

利用指针数组作为 main 函数的形参，可以向程序传送命令行参数。

参数字符串的长度是不定的，也不需要统一，且参数的数目也是任意的，并不规定具体个数。

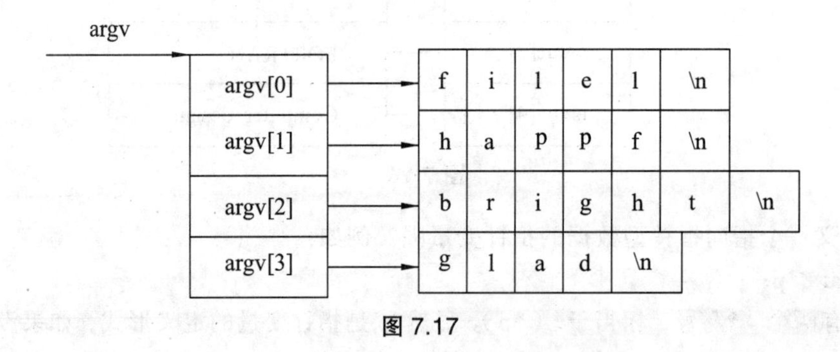

图 7.17

【例 7.19】　输出 main 函数的参数内容。

```
#include<stdio.h>
void main(int argc,char *argv[])                /*main 函数为带参函数*/
{
    printf("the list of parameter:\n");
    printf("命令名：\n");
    printf("%s\n",*argv);
    printf("参数个数：\n");
    printf("%d\n",argc);
}
```

程序运行结果如图 7.18 所示。

图 7.18

7.5.2 案例解析

【例 7.20】 请利用指针数组*pa[3]来表示二维数组 a[3][3]={1,2,3,4,5,6,7,8,9}。

（1）案例分析。

本案例中，pa 是一个指针数组，其中的三个元素应该分别指向二维数组 a 的各行。然后用循环语句输出指定的数组元素。其中，pa[i]表示各个二维数组各行的首地址。

（2）操作步骤。

① 初始化二维数组 a[3][3]；

② 初始化指针数组*p[3]；

③ 输出 a[3][3]中的各项值。

（3）程序源代码。

```
main()
{
    int a[3][3]={1,2,3,4,5,6,7,8,9};
    int *pa[3]={a[0],a[1],a[2]};
    int i;
    for(i=0;i<3;i++)
    {
        for(int j=0;j<3;j++)
        {
            printf("%d\t",*(pa[i]+j));
        }
        printf("\n");
    }
}
```

【例 7.21】 定义一个字符串数组，它们的值分别是一周的各个星期。请用指针数组作指针型函数的参数的调用，来实现输入一个数字然后输出相应的星期数。

（1）案例分析。

在本案例中，我们需要在主函数中定义一个字符指针数组 name，并对 name 作初始化赋值。其每个元素都指向一个字符串。然后又以 name 作为实参调用指针型函数 day_name，在调用时把数组名 name 赋予形参变量 name，输入的整数 i 作为第二个实参赋予形参 n。在 day_name 函数中定义两个指针变量 pp1 和 pp2，pp1 被赋予 name[0]的值（即*name），pp2 被赋予 name[n]的值即*(name+n)。由条件表达式决定返回 pp1 或 pp2 指针给主函数中的指针变量 ps。最后输出 i 和 ps 的值。

（2）操作步骤。

① 初始化字符串指针数组*name[]；

② 定义函数 day_name，并将指针数组*name[]作为参数来实现数字与星期数的对应；

③ 在主函数中调用 day_name 函数。

（3）程序源代码。

```
#include "stdio.h"
#include <stdlib.h>
void main()
{
    static char *name[]={"Illegal day", "Monday", "Tuesday", "Wednesday", "Thursday",
                         "Friday", "Saturday", "Sunday"};
    char *ps;
    int i;
    char *day_name(char *name[],int n);
    printf("input Day No:\n");
    scanf("%d",&i);
    if(i<0) exit(1);
    ps=day_name(name,i);
    printf("Day No:%2d-->%s\n",i,ps);
}
char *day_name(char *name[],int n)
{
    char *pp1,*pp2;
    pp1=*name;
    pp2=*(name+n);
    return((n<1||n>7)? pp1:pp2);
}
```

【例 7.22】 请用指向指针的指针的知识点，对指针数组 char *name[]={"Follow me", "BASIC", "Great Wall", "FORTRAN", "Computer desighn"}进行输出。

（1）案例分析。

本案例分析见图 7.16 分析。

（2）操作步骤。

① 初始化指针数组*name[];

② 声明指向指针的指针**p;

③ 利用循环将 name 的地址指向 p;

④ 利用*p 取出值。

（3）程序源代码。

```
void main()
{
    char *name[]={"Follow me","BASIC","Great Wall","FORTRAN","Computer desighn"};
    char **p;
    int i;
    for(i=0;i<5;i++)
    {
        p=name+i;
        printf("%s\n",*p);
    }
}
```

7.5.3 案例练习

一个班有 40 位学生参加期终考试（考了三门课），请用指针实现学生成绩单。即用指针实现全班同学成绩的输入、输出以及输出最高分的同学（在函数中进行）。

7.6 本章小结

1. 指　针

指针是 C 语言中的一个重要组成部分，使用指针编程有以下优点：

（1）提高程序的编译效率和执行速度。

（2）通过指针可使用主调函数和被调函数之间共享变量或数据结构，便于实现双向数据通讯。

（3）可以实现动态的存储分配。

（4）便于表示各种数据结构，编写高质量的程序。

2. 指针的运算

（1）取地址运算符&：求变量的地址。

（2）取内容运算符*：表示指针所指的变量。

（3）赋值运算：

① 变量地址赋予指针变量；

② 类型指针变量相互赋值；

③ 数组、字符串的首地址赋予指针变量；

④ 函数入口地址赋予指针变量。

（4）加减运算。

对指向数组、字符串的指针变量可以进行加减运算，如 p+n，p－n，p++，p－－等。对指向同一数组的两个指针变量可以相减。对指向其他类型的指针变量作加减运算是无意义的。

（5）关系运算。

指向同一数组的两个指针变量之间可以进行大于、小于、 等于比较运算。指针可与 0 比较，p==0 表示 p 为空指针。

3. 与指针有关的各种说明和意义（见表 7.1）

表 7.1　与指针有关的各种说明和意义

int*p;	p 为指向整型量的指针变量
int*p[n];	p 为指针数组，由 n 个指向整型量的指针元素组成
int（*p）[n];	p 为指向整型二维数组的指针变量，二维数组的列数为 n
int*p()	p 为返回指针值的函数，该指针指向整型量
int（*p）()	p 为指向函数的指针，该函数返回整型量
int**p;	p 为一个指向另一指针的指针变量，该指针指向一个整型量

4. 有关指针的说明

很多是由指针、数组、函数说明组合而成的，但并不是可以任意组合。例如，数组不能由函数组成，即数组元素不能是一个函数；函数也不能返回一个数组或返回另一个函数。例如：

```
int a[5]();
```

就是错误的。

5. 关于括号

在解释组合说明符时，标识符右边的方括号和圆括号优先于标识符左边的“*”号，而方括号和圆括号以相同的优先级从左到右结合。但可以用圆括号改变约定的结合顺序。

6. 阅读组合说明符的规则是“从里向外”

从标识符开始，先看它右边有无方括号或圆括号，如有则先作出解释，再看左边有无“*”号。如果在任何时候遇到了闭括号，则在继续之前必须用相同的规则处理括号内的内容。

习　题

1. 选择题

（1）变量的指针的含义是指该变量的（　　）。

A. 值　　　　B. 地址

C. 名　　D. 一个标志

（2）若有语句：

int *point,a=4；和 point=&a；

则下面均代表地址的一组选项是（　　）。

A. a,point,*&a　　B. &*a,&a,*point

C. *&point,*point,&a　　D. &a,&*point,point

（3）若有说明：

int *p,m=5,n；

则以下正确的程序段是（　　）。

A. p=&n；
scanf("%d",&p)；

B. p=&n；
scanf("%d",*p)；

C. scanf("%d",&n)；
*p=n；

D. p=&n；
*p=m；

（4）以下程序中调用 scanf 函数给变量 a 输入数值的方法是错误的，其错误原因是（　　）。

```
main()
{
    int *p,*q,a,b;
    p=&a;
    printf("input a:");
    scanf("%d",*p);
    ……
}
```

A. *p 表示的是指针变量 p 的地址

B. *p 表示的是变量 a 的值，而不是变量 a 的地址

C. *p 表示的是指针变量 p 的值

D. *p 只能用来说明 p 是一个指针变量

（5）已有变量定义和函数调用语句：

int a=25;print_value(&a)；

则下面函数的正确输出结果是（　　）。

```
void print_value(int *x)
{printf("%d\n",++*x);}
```

A. 23　　B. 24　　C. 25　　D. 26

（6）若有说明：

long *p,a；

则不能通过 scanf 语句正确给输入项读入数据的程序段是（　　）。

A. *p=&a;　scanf("%ld",p)；

B. p=(long *)malloc(8);　scanf("%ld",p)；

C. scanf("%ld",p=&a)；

D. scanf("%ld",&a)；

（7）有以下程序：

```
#include<stdio.h>
main()
{
    int m=1,n=2,*p=&m,*q=&n,*r;
    r=p;p=q;q=r;
    printf("%d,%d,%d,%d\n",m,n,*p,*q);
}
```

程序运行后的输出结果是（　　）。

A. 1，2，1，2　　B. 1，2，2，1

C. 2，1，2，1　　D. 2，1，1，2

（8）有以下程序：

```
main()
{
    int a=1,b=3,c=5;
    int *p1=&a,*p2=&b,*p=&c;
    *p=*p1*(*p2);
    printf("%d\n",c);
}
```

程序运行后的输出结果是（　　）。

A. 1　　B. 2　　C. 3　　D. 4

（9）有以下程序：

```
main()
{
    int a,k=4,m=4,*p1=&k,*p2=&m;
    a=p1==&m;
    printf("%d\n",a);
}
```

程序运行后的输出结果是（　　）。

A. 4　　B. 1　　C. 0　　D. 运行时出错，无定值

（10）在 16 位编译系统上，若有定义：

```
int  a[]={10,20,30},*p=&a;
```

当执行 p++后，下列说法错误的是（　　）。

A. p 向高地址移了一个字节　　B. p 向高地址移了一个存储单元

C. p 向高地址移了两个字节　　D. p 与 a+1 等价

（11）设 p1 和 p2 是指向同一个字符串的指针变量，c 为字符变量，则以下不能正确执行的赋值语句是（　　）。

A. c=*p1+*p2;　　B. p2=c

C. p1=p2　　D. c=*p1*(*p2);

（12）以下正确的程序段是（　　）。

A. char str[20];
   scanf("%s",&str);

B. char *p;
   scanf("%s",p);

C. char str[20];
   scanf("%s",&str[2]);

D. char str[20],*p=str;
   scanf("%s",p[2]);

（13）若有说明语句：

```
char a[]="It is mine";
char *p="It is mine";
```

则以下不正确的叙述是（　　）。

A. a+1 表示的是字符 t 的地址
B. p 指向另外的字符串时，字符串的长度不受限制
C. p 变量中存放的地址值可以改变
D. a 中只能存放 10 个字符

（14）有以下程序：

```
#include <stdio.h>
#include <string.h>
main()
{
    char *s1="AbDeG";
    char *s2="AbdEg";
    s1+=2;s2+=2;
    printf("%d\n",strcmp(s1,s2));
}
```

下面程序的运行结果是（　　）。

A. 正数　　B. 负数　　C. 零　　D. 不确定的值

（15）有以下程序：

```
void f(int *x,int *y)
{
    int t;
    t=*x;*x=*y;*y=t;
}
main()
{
    int a[8]={1,2,3,4,5,6,7,8},i,*p,*q;
    p=a;q=&a[7];
    while(*p!=*q){f(p,q);p++;q--;}
    for(i=0;i<8;i++) printf("%d,",a[i]);
}
```

程序运行后的输出结果是（　　）。

A. 8，2，3，4，5，6，7，1，　　B. 5，6，7，8，1，2，3，4，

C. 1，2，3，4，5，6，7，8，　　D. 8，7，6，5，4，3，2，1，

（16）已定义以下函数：

```
fun(int *p)
{return *p;}
```

该函数的返回值是（　　）。

A. 不确定的值　　B. 形参 p 中存放的值

C. 形参 p 所指存储单元中的值　　D. 形参 p 的地址值

（17）有以下程序：

```
int f(int b[][4])
{
    int i,j,s=0;
      for(j=0;j<4;j++)
      {   i=j;
          if(i>2)   i=3-j;
          s+=b[i][j];
      }
return s;
}
main()
{
    int a[4][4]={{1,2,3,4},{0,2,4,5},{3,6,9,12},{3,2,1,0}};
    printf("%d\n",f(a) );
}
```

执行后的输出结果是（　　）。

A. 12　　B. 11　　C. 18　　D. 16

（18）若有以下函数首部：

```
int   fun(double   x[10], int   *n)
```

则下面针对此函数的函数声明语句中正确的是（　　）。

A. int　fun(double x, int *n);　　B. int　fun(double　, int);

C. int　fun(double *x, int n);　　D. int　fun(double *,　int *);

（19）有以下程序：

```
void sum(int *a)
{a[0]=a[1];}
main()
{
    int aa[10]={1,2,3,4,5,6,7,8,9,10},i;
```

```
    for(i=2;i>=0;i--) sum(&aa[i]);
    printf("%d\n",aa[0]);
}
```

程序运行后的输出结果是（　　）。

A. 4　　B. 3　　C. 2　　D. 1

（20）有以下程序：

```
int main()
{
    char a[];
    char *str=&a;
    strcpy(str,"hello");
    printf(str);
    return 0;
}
```

程序运行后的输出结果是（　　）。

A. hello　　B. null　　C. h　　D. 发生异常

2. 程序题

（1）计算字符串中子串出现的次数。要求：用一个子函数 subString()来实现，参数为指向字符串和要查找的子串的指针，返回次数。

（2）加密程序：由键盘输入明文，通过加密程序转换成密文并输出到屏幕上。算法：明文中的字母转换成其后的第 4 个字母，例如，A 变成 E（a 变成 e），Z 变成 D，非字母字符不变；同时将密文每两个字符之间插入一个空格。例如，China 转换成密文为 G l m r e。要求：在函数 change 中完成字母转换，在函数 insert 中完成增加空格，用指针传递参数。

（3）字符替换。要求用函数 replace 将用户输入的字符串中的字符 t（T）都替换为 e（E），并返回替换字符的个数。

（4）定义一个动态数组，长度为变量 n，用随机数给数组各元素赋值，然后对数组各单元排序，定义 swap 函数交换数据单元，要求参数使用指针传递。

（5）实现模拟彩票的程序设计：随机产生 6 个数字，与用户输入的数字进行比较，输出它们相同的数字个数（使用动态内存分配）。

第 8 章　预处理命令

【学习目标】

- ☞ 掌握宏定义的两种方法及其使用方法；
- ☞ 掌握文件包含及其使用方法；
- ☞ 掌握条件编译及其使用方法。

【知识要点】

- 🕮 无参宏定义；
- 🕮 有参宏定义；
- 🕮 文件包含；
- 🕮 条件编译。

8.1　概　述

在前面各章中，已多次使用过以“#”号开头的预处理命令。如包含命令#include，宏定义命令#define 等。在源程序中这些命令都放在函数之外，而且一般都放在源文件的前面，它们称为预处理部分。

所谓预处理是指在进行编译的第一遍扫描（词法扫描和语法分析）之前所作的工作。预处理是 C 语言的一个重要功能，它由预处理程序负责完成。当对一个源文件进行编译时，系统将自动引用预处理程序对源程序中的预处理部分作处理，处理完毕后自动对源程序进入编译。

C 语言提供了多种预处理功能，如宏定义、文件包含、条件编译等。合理地使用预处理功能编写的程序便于阅读、修改、移植和调试，也有利于模块化程序设计。本章将介绍常用的几种预处理功能。

8.2　宏定义

在 C 语言源程序中允许用一个标识符来表示一个字符串，称为“宏”。被定义为“宏”的标识符称为“宏名”。在编译预处理时，对程序中所有出现的“宏名”，都用宏定义中的字符串去代换，这称为“宏代换”或“宏展开”。

宏定义是由源程序中的宏定义命令完成的。宏代换是由预处理程序自动完成的。

在C语言中，“宏”分为有参数和无参数两种。下面分别讨论这两种“宏”的定义和调用。

8.2.1 无参宏定义

1. 知识点

无参宏的宏名后不带参数。其定义的一般形式为：

#define 标识符 字符串

其中，“#”表示这是一条预处理命令，凡是以“#”开头的均为预处理命令；“define”为宏定义命令；“标识符”为所定义的宏名；“字符串”可以是常数、表达式、格式串等。

在前面介绍过的符号常量的定义就是一种无参宏定义。此外，常对程序中反复使用的表达式进行宏定义。在应用宏定义的过程中，需注意以下几点：

（1）宏名一般习惯用大写字母，以便与变量名相区别；

（2）宏名用作代替一个字符串，不作语法检查；

（3）宏定义的字符串不能以“;”结尾，字符串结束后一定要换行；

（4）宏定义的有效范围为定义之处到#undef 命令终止，如果没有#undef 命令，则有效范围到本文结束，其一般形式为：

#undef 命令形式：#undef 标识符

（5）在进行宏定义时，可以引用已定义的宏名；

（6）C 语言允许宏定义出现在程序中函数外面的任何位置，但一般情况下它总写在文件的开头。

2. 案例解析

【例 8.1】 根据定义的宏 PI 求圆的周长、面积、体积。

```
#define   PI   3.1415926            /*宏定义*/
main()
{
    float l,s,r,v;
    printf("input radius :");
    scanf("%f",&r);
    l=2.0*PI*r;
    s=PI*r*r;
    v=3.0/4*PI*r*r*r;
    printf("l=%10.4f\ns=%10.4f\nv=%10.4f\n",l,s,v);
}
```

（1）案例分析。

通过宏定义#define PI 3.1415926，在主函数中用 PI 代替 3.1415926 进行运算。

（2）程序运行结果如图 8.1 所示。

```
"C:\Documents and Settings\Administrator\桌面\Debug\Text1.exe"
input radius :2
l=    12.5664
s=    12.5664
v=    18.8496
Press any key to continue
```

图 8.1

【例 8.2】

```
#define  PI  3.1415926
#define  R  3.0
#define  L  2*PI*R
#define  S  PI*R*R
main()
{
    printf("l=%f \ns=%f\n",L,S);
}
```

（1）案例分析。

第一次替换：printf（"l=%f \ns=%f\n"，2*PI*R，PI*R*R）;

第二次替换：printf（"l=%f \ns=%f\n"，2*3.1415926*3.0，3.1415926*3.0*3.0）;

（2）程序运行结果如图 8.2 所示。

```
"C:\Documents and Settings\Administrator\桌面\Debug\Text1.exe"
l=18.849556
s=28.274333
Press any key to continue
```

图 8.2

【例 8.3】

```
#define M y*y+3*y
main()
{
    int s,y;
    printf("input a number:   ");
    scanf("%d",&y);
    s=3*M+4*M+5*M;
    printf("s=%d\n",s);
}
```

（1）案例分析。

宏替换：s=3*y*y+3*y+4*y*y+3*y+5*y*y+3*y;

（2）程序运行结果如图 8.3 所示。

```
"C:\Documents and Settings\Administrator\桌面\Debug\Text1.exe"
input a number:  5
s=345
Press any key to continue
```

图 8.3

3. 案例练习

输出以下形式宏定义后的运行结果。

```
#define M (y*y+3*y)
main()
{
        int s,y;
        printf("input a number:   ");
        scanf("%d",&y);
        s=3*M+4*M+5*M;//3*(y*y+3*y)+4*(y*y+3*y)+5*(y*y+3*y);
        printf("s=%d\n",s);
}
```

8.2.2 有参宏定义

1. 知识点

有参宏定义的一般形式为：

#define 宏名（宏形参数表） 字符串

作用：宏替换时以实参数替代形参数。

2. 案例解析

【例 8.4】

```
#define   PF(x)   x*x
main()
{
        int a=2, b=3, c;
        c=PF(a+b)/PF(a+1);
        printf("\nc=%d ",c);
}
```

（1）案例分析。

宏展开：c=a+b*a+b/a+1*a+1；

（2）程序运行结果如图 8.4 所示。

图 8.4

3. 案例练习

分别输出以下两种形式宏定义后的运行结果。

```
/*#define   PF(x)   (x)*(x)   */
/*#define   PF(x)   ((x)*(x)) */
main()
{
        int a=2, b=3, c;
        c=PF(a+b)/PF(a+1);
        printf("\nc=%d ",c);
}
```

8.3 文件包含

文件包含是 C 预处理程序的另一个重要功能。其一般形式为：

```
#include"文件名"
```

在前面我们已多次用此命令包含过库函数的头文件。例如：

```
#include"stdio.h"
#include"math.h"
```

文件包含命令的功能是把指定的文件插入该命令行位置取代该命令行，从而把指定的文件和当前的源程序文件连成一个源文件。

在程序设计中，文件包含是很有用的。一个大的程序可以分为多个模块，由多个程序员分别编程。有些公用的符号常量或宏定义等可单独组成一个文件，在其他文件的开头用包含命令包含该文件即可使用。这样，可避免在每个文件开头都去书写那些公用量，从而节省时间，并减少出错。

对文件包含命令还要说明以下几点：

（1）包含命令中的文件名可以用双引号括起来，也可以用尖括号括起来。例如：

```
#include "stdio.h"
#include <math.h>
```

但是这两种形式是有区别的：使用尖括号表示在包含文件目录中去查找（包含目录是由用户在设置环境时设置的），而不在源文件目录去查找；使用双引号则表示首先在当前的源文件目录中查找，若未找到才到包含目录中去查找。用户编程时可根据自己文件所在的目录来选择某一种命令形式。

（2）一个 include 命令只能指定一个被包含文件，若有多个文件要包含，则需用多个 include 命令。

（3）文件包含允许嵌套，即在一个被包含的文件中可以包含另一个文件。

8.4 条件编译

预处理程序提供了条件编译的功能。可以按不同的条件去编译不同的程序部分，因而产生不同的目标代码文件。这对于程序的移植和调试是很有用的。

8.4.1 使用宏定义的标识符作为编译条件

1. 知识点

条件编译命令有以下几种形式：

（1）# ifdef 标识符

```
程序段 1
# else
程序段 2
#endif
```

它的作用是当所指定的标识符已经被#define 命令定义过，则在程序编译阶段只编译程序段 1；否则编译程序段 2。

（2）# ifdef 标识符

```
程序段 1
#endif
```

它的作用是当所指定的标识符已经被#define 命令定义过，则在程序编译阶段只编译程序段 1。

（3）# ifndef 标识符

```
程序段 1
# else
程序段 2
#endif
```

它的作用是当所指定的标识符未被#define 命令定义过，则在程序编译阶段只编译程序段 1；否则编译程序段 2。

2. 案例解析

【例 8.5】

```
#include "stdio.h"
```

```
#include "string.h"
#define  UP
main()
{
    char  s[128];
    printf("Input the string:\n");
    gets(s);
    #ifdef  UP
        strupr(s);
    #else
        strlwr(s);
    #endif
    puts(s);
}
```

（1）案例分析。

所指定的标识符 up 被#define 命令定义过，在程序编译阶段只编译 strupr（s）；即实现字符串中小写字母转换成大写字母的操作。

（2）程序运行结果如图 8.5 所示。

图 8.5

3. 案例练习

读程序，写结果。

```
#include "stdio.h"
#include "string.h"
main()
{
    char  s[128];
    printf("Input the string:\n");
    gets(s);
    #ifdef  UP
        strupr(s);
```

```
    #else
        strlwr(s);
    #endif
    puts(s);
}
```

8.4.2 使用常量表达式的值作为编译条件

1. 知识点

使用常量表达式的值作为编译条件一般形式为：

```
# if  表达式
        程序段 1
# else
        程序段 2
#endif
```

它的作用是当所指定的表达式为真（非零）时就编译程序段 1；否则编译程序段 2。可以事先给定条件，使程序在不同的条件下执行不同的功能。

2. 案例解析

【例 8.6】 用条件编译实现开关功能。从键盘输入 3 个数，若#define max 1，则输出最大数，若#define max 0，则输出最小数。

（1）操作步骤。

① 定义函数 smax，实现求 3 个数中的最大数；

② 定义函数 smin，实现求 3 个数中的最小数；

③ 主函数中对 3 个数进行初始化，根据具体的宏定义，调用相应的函数。

（2）程序源代码。

```
#include "stdio.h"
int smax(int a,int b,int c)
{
    int z;
    if(a>b) z=a;
    else z=b;
    if(z<c) z=c;
    printf("the max number is %d\n",z);
}
int smin(int a,int b,int c)
{
  int z;
```

```
    if(a<b) z=a;
    else z=b;
    if(z>c) z=c;
    printf("the min number is %d\n",z);
}
void main()
#define max 0
{
    int n1,n2,n3;
    printf("Input 3 numbers:");
    scanf("%d%d%d",&n1,&n2,&n3);
    #if max
        smax(n1,n2,n3);
    #else
        smin(n1,n2,n3);
    #endif
}
```

（3）程序运行结果如图 8.6 所示。

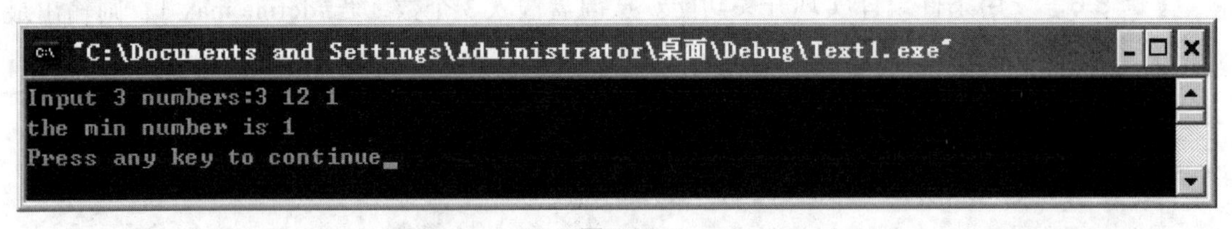

图 8.6

8.5 本章小结

1. 预处理功能是 C 语言特有的功能，它是在对源程序正式编译前由预处理程序完成的。程序员在程序中用预处理命令来调用这些功能。

2. 宏定义是用一个标识符来表示一个字符串，这个字符串可以是常量、变量或表达式。在宏调用中将用该字符串代换宏名。

3. 宏定义可以带有参数，宏调用时是以实参代换形参，而不是“值传送”。

4. 为了避免宏代换时发生错误，宏定义中的字符串应加括号，字符串中出现的形式参数两边也应加括号。

5. 文件包含是预处理的一个重要功能，它可用来把多个源文件连接成一个源文件进行编译，结果将生成一个目标文件。

6. 条件编译允许只编译源程序中满足条件的程序段，使生成的目标程序较短，从而减少了内存的开销并提高了程序的效率。

7. 使用预处理功能便于程序的修改、阅读、移植和调试，也便于实现模块化程序设计。

习　题

1. 以下程序的输出结果是________。

```
#include <stdio.h>
#define M 5
#define N M+M
void main()
{
      int k;
      k=N*N*5; printf("%d\n",k);
}
```

2. 以下程序的输出结果是________。

```
#include <stdio.h>
#define M 5
#define N (M+M)
void main()
{
      int k;
      k=N*N*5; printf("%d\n",k);
}
```

3. 从键盘输入 5、6，以下程序的输出结果是________。

```
#define MAX(a,b) (a>b)?a:b
main()
{
      int x,y,max;
      printf("input two numbers:       ");
      scanf("%d%d",&x,&y);
      max=MAX(x,y);
      printf("max=%d\n",max);
}
```

4. 从键盘输入 3，以下程序的输出结果是________。

```
#define SQ(y) (y)*(y)
main()
```

```
{
        int a,sq;
        printf("input a number:      ");
        scanf("%d",&a);
        sq=SQ(a+1);
        printf("sq=%d\n",sq);
}
```

5. 从键盘输入 3，以下程序的输出结果是________。

```
#define SQ(y) ((y)*(y))
main()
{
        int a,sq;
        printf("input a number:       ");
        scanf("%d",&a);
        sq=160/SQ(a+1);
        printf("sq=%d\n",sq);
}
```

6. 以下程序实现的是求圆的面积还是周长？________。

```
#define R 1
main()
{
        float c,r,s;
        printf ("input a number:    ");
        scanf("%f",&c);
        #if R
           r=3.14159*c*c;
           printf("area of round is: %f\n",r);
        #else
           s=c*c;
           printf("area of square is: %f\n",s);
        #endif
}
```

第 9 章　结构体与共用体

【学习目标】

- ☞ 理解并掌握结构体、共用体、枚举型的定义和引用；
- ☞ 明确结构体和共用体的区别与联系；
- ☞ 了解结构变量成员的表示与赋值。

【知识要点】

- 🕮 结构体的定义与引用；
- 🕮 结构变量成员的表示与赋值；
- 🕮 结构变量的运算与应用。

9.1　结构体的定义和引用

9.1.1　知识点

1. 结构体的定义

结构体是一种数据类型。在实际问题中，一组数据往往具有不同的数据类型。例如，在学生登记表中，姓名应为字符型；学号可为整型或字符型；年龄应为整型；性别应为字符型；成绩可为整型或实型。显然不能用一个数组来存放这一组数据。因为数组中各元素的类型和长度都必须一致，以便于编译系统处理。为了解决这个问题，C 语言中给出了另一种构造数据类型——“结构（structure）”或叫“结构体”。它相当于其他高级语言中的记录。“结构”是一种构造类型，它是由若干“成员”组成的。每一个成员可以是一个基本数据类型或者又是一个构造类型。结构既然是一种“构造”而成的数据类型，那么在说明和使用之前必须先定义它，也就是构造它。如同在说明和调用函数之前要先定义函数一样。

定义一个结构的一般形式为：

```
struct 结构名
  {成员表列};
```

成员表列由若干个成员组成，每个成员都是该结构的一个组成部分。对每个成员也必须作类型说明，其形式为：

类型说明符 成员名；

成员名的命名应符合标识符的书写规定。例如：

```
struct stu
```

```
{
    int num;
    char name[20];
    char sex;
    float score;
};
```

在这个结构定义中，结构名为 stu，该结构由 4 个成员组成。第一个成员为 num，整型变量；第二个成员为 name，字符数组；第三个成员为 sex，字符变量；第四个成员为 score，实型变量。应注意在括号后的分号是不可少的。结构定义之后，即可进行变量说明。凡说明为结构 stu 的变量都由上述 4 个成员组成。由此可见，结构是一种复杂的数据类型，是数目固定，类型不同的若干有序变量的集合。

2. 结构体的赋值

结构变量的赋值就是给各成员赋值。可用输入语句或赋值语句来完成。

3. 结构体变量的初始化

和其他类型变量一样，对结构变量可以在定义时进行初始化赋值。

9.1.2 案例解析

【例 9.1】 给结构变量赋值并输出其值。

（1）程序源代码。

```
void main()
{
    struct stu
    {
        int num;
        char *name;
        char sex;
        float score;
    } boy1,boy2;
    boy1.num=102;
    boy1.name="Zhang ping";
    printf("input sex and score\n");
    scanf("%c %f",&boy1.sex,&boy1.score);
    boy2=boy1;
    printf("Number=%d\nName=%s\n",boy2.num,boy2.name);
    printf("Sex=%c\nScore=%f\n",boy2.sex,boy2.score);
}
```

（2）案例分析。

本程序中用赋值语句给num和name两个成员赋值，name是一个字符串指针变量。用scanf函数动态地输入 sex 和 score 成员值，然后把 boy1 的所有成员的值整体赋予 boy2。最后分别输出 boy2 的各个成员值。本例表示了结构变量的赋值、输入和输出的方法。

（3）程序运行结果如图 9.1 所示。

图 9.1

【例 9.2】 对结构变量初始化。

（1）程序源代码。

```
void main()
{
    struct stu      /*定义结构*/
    {
        int num;
        char *name;
        char sex;
        float score;
    }boy2,boy1={102,"Zhang ping",'M',78.5};
    boy2=boy1;
    printf("Number=%d\nName=%s\n",boy2.num,boy2.name);
    printf("Sex=%c\nScore=%f\n",boy2.sex,boy2.score);
}
```

（2）案例分析。

本例中，boy2、boy1 均被定义为外部结构变量，并对 boy1 作了初始化赋值。在 main 函数中，把 boy1 的值整体赋予 boy2，然后用两个 printf 语句输出 boy2 各成员的值。

（3）程序运行结果如图 9.2 所示。

图 9.2

【例 9.3】 用结构体类型定义并输出某学生信息：

学号：201210103223；

姓名：李丽 ；

所在大学：四川职业技术学院；

专业：计算机软件；

班级：2012 级软件班。

（1）程序源代码。

① 在定义结构类型的同时进行结构变量的定义及初始化。

```
#include <stdio.h>
struct info
{
        long int   id ;
        char name[20];
        char depar[30];
        char subject[30];
        char class[20];
 }a={"201210103223","李丽","四川职业技术学院","计算机软件","2012 级软件班"};
void main()
{
        printf("学号：%ld\n 姓名：%s\n 所在大学：%s\n 部门：%s\n 专业：%s\n 班级：
%s\n",a.id,a.name,a.depar,a.subject,a.calss);
}
```

② 先定义结构类型，再进行结构变量的定义及初始化。

```
#include <stdio.h>
void main()
{
      struct info
      {
        long int   id ;
        char name[20];
        char depar[30];
        char subject[30];
        char class[20];
      };
      struct info a={"201210103223","李丽","四川职业技术学院","计算机软件","2012 软件
班"};
      printf("学号：%ld\n 姓名：%s\n 所在大学：%s\n 部门：%s\n 专业：%s\n 班级：
%s\n",a.id,a.name,a.depar,a.subject,a.calss);
}
```

（2）案例分析。

可以看出在定义结构体后有两种初始化赋值方式，上文①中直接在结构体后定义变量 a 赋值，上文②中定义后，再使用该结构体作为数据类型。a 变量如果要使用就要定义成该结构体类型。

9.1.3 案例练习

编程实现：

（1）定义一个学生的所有期末成绩、总成绩、平均成绩；

（2）对学生的所有成绩进行输出；

（3）计算该学生的总成绩和平均成绩；

（4）输出所有成绩、总成绩和平均成绩。

9.2 结构体数组的使用

9.2.1 知识点

1. 结构体数组的定义

一个结构变量只能存放表格中的一个记录（如一个学生的学号、姓名和成绩等数据）。若一个班有数十名学生记录，则需要有数十个结构变量来存放全部记录，这样做则比较麻烦，最好的方法就是用结构类型数组描述。

结构数组在定义结构变量时指定数组下标，下标从 0 开始。结构数组与普通数组区别在于它的每个数组元素都是一个结构类型数据。

与定义结构变量的方法相似，结构数组只需说明其为数组即可。例如，定义一个能保存 35 个同学的数学成绩结构数组，其格式为：

```
struct list
{
    long int id;
    char name[20];
    char depart[30];
    int   Engscore;
};
struct list stu[35];
```

以上定义了一个有 35 个元素的结构数组 stu，其元素的数据类型为 struct list，数组各元素在内存中将连续存放。

2. 结构体数组的初始化

初始化结构数组可以用类似于结构变量初始化方法。其中每个数组元素的值要用花括号“{}”括起来，各数组元素之间以逗号“,”隔开。一般形式为：

struct 结构名　数组名[数组元素数]={初值表列};

例如：

```
sstrcut list
{
    long int id;
    char name[20];
    char depart[30];
    int  Engscore;
} stu[3]={{2012001,"张丽","计科系",85}, {2012002,"李斯","计科系",98}, {2012003,"王刚","计科系",76}};
```

在定义结构数组 stu[]时，数组元素的个数可以不指定，即写成以下形式：

```
strcut list
{
    long int id;
    char name[20];
    char depart[30];
    int  Engscore;
};
strcut list stu[]={{...},{...},{...},};
```

9.2.2 案例解析

【例 9.4】 计算学生的平均成绩和不及格的人数。

（1）案例分析。

```
struct stu
{
    int num;
    char *name;
    char sex;
    float score;
}boy[5];
```

定义了一个结构数组 boy，共有 5 个元素，boy[0] ~ boy[4]。每个数组元素都具有 struct stu 的结构形式。对结构数组可以作初始化赋值。

（2）程序源代码。

```
struct stu
{
      int num;
      char *name;
      char sex;
      float score;
}boy[5]={
              {101,"Li ping",'M',45},
              {102,"Zhang ping",'M',62.5},
              {103,"He fang",'F',92.5},
              {104,"Cheng ling",'F',87},
              {105,"Wang ming",'M',58},
          };
void main()
{
      int i,c=0;
      float ave,s=0;
      for(i=0;i<5;i++)
      {
        s+=boy[i].score;
        if(boy[i].score<60) c+=1;
      }
      printf("s=%f\n",s);
      ave=s/5;
      printf("average=%f\ncount=%d\n",ave,c);
}
```

（3）程序运行结果如图 9.3 所示。

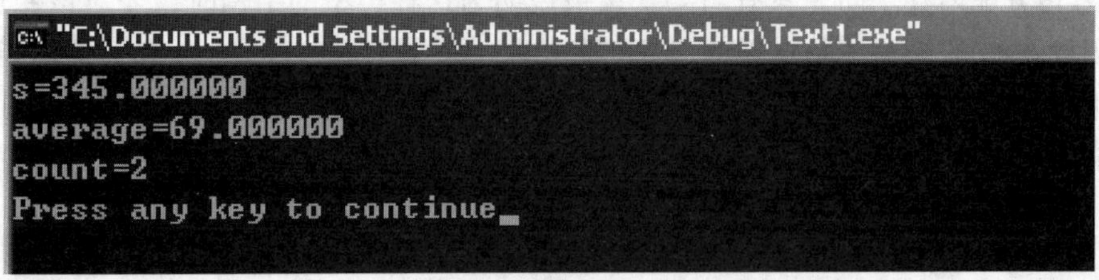

```
"C:\Documents and Settings\Administrator\Debug\Text1.exe"
s=345.000000
average=69.000000
count=2
Press any key to continue
```

图 9.3

本例程序中定义了一个外部结构数组 boy，共 5 个元素，并作了初始化赋值。在 main 函数中用 for 语句逐个累加各元素的 score 成员值，并存于 s 之中，如果 score 的值小于 60（不及格）即计数器 c 加 1，循环完毕后计算平均成绩，并输出全班总分，平均分和不及格人数。

9.2.3 案例练习

设有三个候选人，每次输入一个得票的候选人的名字，要求最后输出各人得票结果。

9.3 指向结构体类型数据的指针

9.3.1 知识点

1. 指向结构体变量的指针

一个指针变量当用来指向一个结构变量时，称之为结构指针变量。结构指针变量中的值是所指向的结构变量的首地址。通过结构指针即可访问该结构变量，这与数组指针和函数指针的情况是相同的。

结构指针变量说明的一般形式为：

struct 结构名 *结构指针变量名

例如，在前面的例题中定义了 stu 这个结构，如要说明一个指向 stu 的指针变量 pstu，可写为：

```
struct stu *pstu;
```

当然也可在定义 stu 结构的同时说明 pstu。与前面讨论的各类指针变量相同，结构指针变量也必须要先赋值后才能使用。

赋值是把结构变量的首地址赋予该指针变量，不能把结构名赋予该指针变量。如果 boy 被说明为 stu 类型的结构变量，则：

```
pstu=&boy;
```

是正确的，而：

```
pstu=&stu;
```

是错误的。

结构名和结构变量是两个不同的概念，不能混淆。结构名只能表示一个结构形式，编译系统并不为它分配内存空间。只有当某变量被说明为这种类型的结构时，才对该变量分配存储空间。因此&stu 这种写法是错误的，不可能去取一个结构名的首地址。有了结构指针变量，就能更方便地访问结构变量的各个成员。

其访问的一般形式为：

(*结构指针变量).成员名

或为：

结构指针变量->成员名

例如：(*pstu).num 或者 pstu->num。

应该注意(*pstu)两侧的括号不可少，因为成员符“.”的优先级高于“*”。如果去掉括号写作*pstu.num 则等效于*(pstu.num)，这样，意义就完全不对了

2. 指向结构体数组的指针

指针变量可以指向一个结构数组，这时结构指针变量的值是整个结构数组的首地址。结构指针变量也可指向结构数组的一个元素，这时结构指针变量的值是该结构数组元素的首地址。

设 ps 为指向结构数组的指针变量，则 ps 也指向该结构数组的 0 号元素，ps+1 指向 1 号元素，ps+i 则指向 i 号元素。这与普通数组的情况是一致的。

3. 结构体变量和指向结构体指针做函数参数

在 ANSI C 标准中允许用结构变量作函数参数进行整体传送。但是这种传送要将全部成员逐个传送，特别是成员为数组时将会使传送的时间和空间开销很大，严重地降低了程序的效率。因此，最好的办法就是使用指针，即用指针变量作函数参数进行传送。这时由实参传向形参的只是地址，从而减少了时间和空间的开销。

9.3.2 案例解析

【例 9.5】 读程序，写结果。

```
struct stu
{
    int num;
    char *name;
    char sex;
    float score;
} boy1={102,"Zhang ping",'M',78.5},*pstu;
void main()
{
    pstu=&boy1;
    printf("Number=%d\nName=%s\n",boy1.num,boy1.name);
    printf("Sex=%c\nScore=%f\n\n",boy1.sex,boy1.score);
    printf("Number=%d\nName=%s\n",(*pstu).num,(*pstu).name);
    printf("Sex=%c\nScore=%f\n\n",(*pstu).sex,(*pstu).score);
    printf("Number=%d\nName=%s\n",pstu->num,pstu->name);
    printf("Sex=%c\nScore=%f\n\n",pstu->sex,pstu->score);
}
```

（1）案例分析。

本例程序定义了一个结构 stu，定义了 stu 类型结构变量 boy1 并作了初始化赋值，还定义了一个指向 stu 类型结构的指针变量 pstu。在 main 函数中，pstu 被赋予 boy1 的地址，因此 pstu 指向 boy1。然后在 printf 语句内用三种形式输出 boy1 的各个成员值。

（2）程序运行结果如图 9.4 所示。

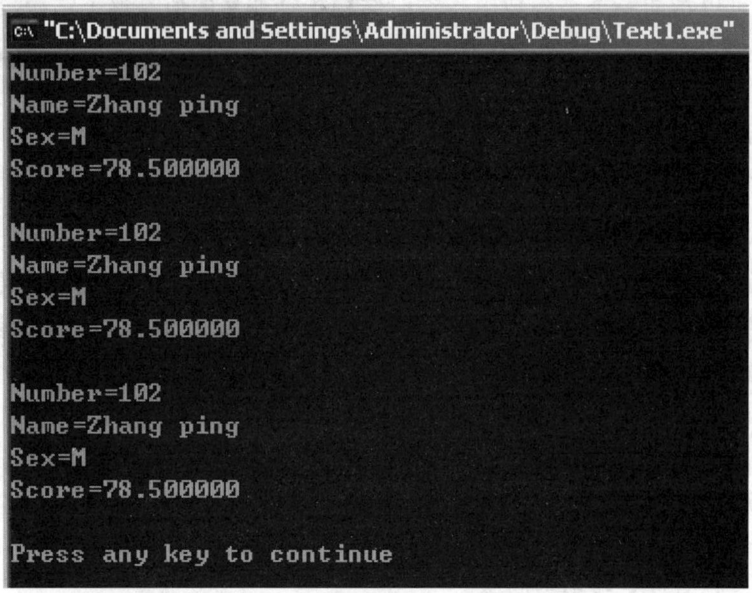

```
"C:\Documents and Settings\Administrator\Debug\Text1.exe"
Number=102
Name=Zhang ping
Sex=M
Score=78.500000

Number=102
Name=Zhang ping
Sex=M
Score=78.500000

Number=102
Name=Zhang ping
Sex=M
Score=78.500000

Press any key to continue
```

图 9.4

从运行结果可以看出：

① 结构变量.成员名

②（*结构指针变量）.成员名

③ 结构指针变量->成员名

这三种用于表示结构成员的形式是完全等效的。

【例 9.6】 用指针变量输出结构数组。

（1）程序源代码。

```
struct stu
{
    int num;
    char *name;
    char sex;
    float score;
}boy[5]={
            {101,"Zhou ping",'M',45},
            {102,"Zhang ping",'M',62.5},
            {103,"Liou fang",'F',92.5},
            {104,"Cheng ling",'F',87},
            {105,"Wang ming",'M',58},
        };
void main()
```

```
{
    struct stu *ps;
    printf("No\tName\t\t\tSex\tScore\t\n");
    for(ps=boy;ps<boy+5;ps++)
    printf("%d\t%s\t\t%c\t%f\t\n",ps->num,ps->name,ps->sex,ps->score);
}
```

（2）案例分析。

在程序中，定义了 stu 结构类型的外部数组 boy 并作了初始化赋值。在 main 函数内定义 ps 为指向 stu 类型的指针。在循环语句 for 的表达式 1 中，ps 被赋予 boy 的首地址，然后循环 5 次，输出 boy 数组中各成员值。

应该注意的是，一个结构指针变量虽然可以用来访问结构变量或结构数组元素的成员，但是，不能使它指向一个成员。也就是说不允许取一个成员的地址来赋予它。因此，下面的赋值是错误的：

    ps=&boy[1].sex;

而只能是：

    ps=boy;（赋予数组首地址）

或者是：

    ps=&boy[0];（赋予 0 号元素首地址）

（3）程序运行结果如图 9.5 所示。

```
"C:\Documents and Settings\Administrator\Debug\Text1.exe"
No      Name                    Sex     Score
101     Zhou ping               M       45.000000
102     Zhang ping              M       62.500000
103     Liou fang               F       92.500000
104     Cheng ling              F       87.000000
105     Wang ming               M       58.000000
Press any key to continue
```

图 9.5

【例 9.7】 计算一组学生的平均成绩和不及格人数。用结构指针变量作函数参数编程。

（1）程序源代码。

```
struct stu
{
    int num;
    char *name;
    char sex;
    float score;
}boy[5]={
        {101,"Li ping",'M',45},
```

```
            {102,"Zhang ping",'M',62.5},
            {103,"He fang",'F',92.5},
            {104,"Cheng ling",'F',87},
            {105,"Wang ming",'M',58},
        };
void main()
{
    struct stu *ps;
    void ave(struct stu *ps);
    ps=boy;
    ave(ps);
}
void ave(struct stu *ps)
{
    int c=0,i;
    float ave,s=0;
    for(i=0;i<5;i++,ps++)
    {
        s+=ps->score;
        if(ps->score<60) c+=1;
    }
    printf("s=%f\n",s);
    ave=s/5;
    printf("average=%f\ncount=%d\n",ave,c);
}
```

（2）案例分析。

本程序中定义了函数 ave，其形参为结构指针变量 ps。boy 被定义为外部结构数组，因此在整个源程序中有效。在 main 函数中定义说明了结构指针变量 ps，并把 boy 的首地址赋予它，使 ps 指向 boy 数组。然后以 ps 作实参调用函数 ave。在函数 ave 中完成计算平均成绩和统计不及格人数的工作并输出结果。

由于本程序全部采用指针变量作运算和处理，故速度更快，程序效率更高。

（3）程序运行结果如图 9.6 所示。

```
"C:\Documents and Settings\Administrator\Debug\Text1.exe"
s=345.000000
average=69.000000
count=2
Press any key to continue
```

图 9.6

9.3.3 案例练习

（1）编写程序，要求采用结构类型的数据指针来连续输出通讯录中的三条记录。

（2）有一个结构变量 stu，内含学生学号、姓名和三门课的成绩。要求编写一个程序，在 mian 函数中赋值，在另一个函数 print 中将它们输出。

9.4 共用体

9.4.1 知识点

共用体也称为共用类型，是指将不同类型的数据项组织成一个整体，它们在内存中占用同一段存储单元。例如，可把一个整型变量、一个字符型变量、一个实型变量放在同一个地址开始的内存单元中，也就是使用覆盖技术，将几个变量互相重叠使用，共用内存空间，其定义形式为：

```
union 共用类型名
{
    成员表列;
}变量表列;
```

例如下面语句先定义了一个 union data 类型，再将 a、b、c 定义为一个 union data 类型变量。

```
union data
{
    short i;
    char ch;
    float f;
}a,b,c;
```

同结构类型一样，共用类型也允许将类型定义与变量定义分开，如：

```
union data
{
    short i;
    char ch;
    float f;
};
union data a,b,c;
```

上面定义的共用变量 a、b、c 共占 4 个字节（实型变量占 4 个字节），而不是共占 2+1+4=7 个字节，由此可见，共用体可以节省存储空间。

9.4.2 案例分析

【例 9.8】 一个利用共用类型的例子。

（1）程序源代码。

```
#include<stdio.h>
union data
{
    short a;
    char b;
    float c;
}x;
struct student
{
    short e;
    char f;
    float g;
}y;
void main()
{
    printf("%d,%d",sizeof(union data),sizeof(struct student));
}
```

（2）程序运行结果如图 9.7 所示。

```
"C:\Documents and Settings\Administrator\Debug\Text1.exe"
4,8Press any key to continue
```

图 9.7

查看运行结果，在共用体和结构体中定义的数据类型是相同的，但在存储空间中各字节所占空间总和是有差别的。

9.5 枚举类型

9.5.1 知识点

1. 枚举类型的定义

如果一个变量只有几种可能的值，则可以定义为枚举型。所谓“枚举”是指将变量的值一一列举出来，变量的取值只限于列举出来的那些值。

枚举的定义枚举类型定义的一般形式为：

enum 枚举名 {枚举值表};

在枚举值表中应罗列出所有可用值。这些值也称为枚举元素。

例如：

```
enum weekday{Sunday,Monday,Tuesday,wednesday,Thursdayw,Friday,Saturday};
```

该枚举名为 weekday，枚举值共有 7 个，即一周中的 7 天。凡被说明为 weekday 类型变量的取值只能是 7 天中的某一天。

2. 枚举变量的说明

同结构和联合一样，枚举变量也可用不同的方式说明，即先定义后说明，同时定义说明或直接说明。

设有变量 a、b、c 被说明为上述的 weekday，可采用的方式有：

```
enum weekday{sun,mon,tue,wed,thu,fri,sat};
enum weekday a,b,c;
```

或者为：

```
enum weekday{sun,mou,tue,wed,thu,fri,sat}a,b,c;
```

或者为：

```
enum{sun,mou,tue,wed,thu,fri,sat}a,b,c;
```

3. 枚举类型的使用

枚举类型在使用中有以下规定：

枚举值是常量，不是变量。不能在程序中用赋值语句再对它赋值。

例如，对枚举 weekday 的元素再作以下赋值：

```
sun=5;
mon=2;
sun=mon;
```

都是错误的。

枚举元素本身由系统定义了一个表示序号的数值，从 0 开始顺序定义为 0，1，2…。如在 weekday 中，sun 值为 0，mon 值为 1，……，sat 值为 6。

9.5.2 案例分析

【例 9.9】 分析下列程序的输出结果。

（1）程序源代码。

```
void main()
{
    enum weekday{ sun,mon,tue,wed,thu,fri,sat } a,b,c;
    a=sun;
    b=mon;
```

```
    c=tue;
    printf("%d,%d,%d",a,b,c);
}
```

（2）案例分析。

只能把枚举值赋予枚举变量，不能把元素的数值直接赋予枚举变量。如：

```
a=sum;
b=mon;
```

是正确的。而：

```
a=0;
b=1;
```

是错误的。如果一定要把数值赋予枚举变量，则必须用强制类型转换。例如：

```
a=(enum weekday)2;
```

其意义是将顺序号为 2 的枚举元素赋予枚举变量 a，相当于：

```
a=tue;
```

还应该说明的是枚举元素不是字符常量也不是字符串常量，使用时不要加单、双引号。

（3）程序运行结果如图 9.8 所示。

```
"C:\Documents and Settings\Administrator\Debug\Text1.exe"
0,1,2Press any key to continue
```

图 9.8

9.5.3 案例练习

枚举型应用：编写一个程序，已知某天是星期几，求下一天是星期几查看运行结果。

9.6 本章小结

本章重点介绍结构的概念和应用，对共用体和枚举做了简要说明，本章要求要先搞清楚概念，然后掌握其应用。重点掌握如下问题：

1. 结构和结构变量的定义

结构的定义是指出结构模式，该结构的成员说明。结构变量的定义是指出具有某种结构模式的结构变量。定义结构模式时，内存不分配地址，在定义结构变量时，内存才分配地址。在实际应用中，常常将结构模式的定义放在.h 文件中，这样使用起来比较方便。或者写在程序的开头。结构变量根据需要再随时定义，或者定义成外部的，或者定义成自动的或静态的。

2. 结构变量成员的表示和赋值

先定义结构模式，即有了结构名，再定义结构变量，或者一起定义。有了结构变量后，再对它赋值或者赋初值。赋初值时可使用初始值表，一般编译仍要求外部或静态的结构变量才可赋初值。给结构变量赋值实际上是给结构变量的成员赋值，因此，要会正确地表示结构变量的成员，一般结构变量成员和指向变量指针的成员都要会表示，二者是不同的。

3. 结构变量的运算

整个结构变量在一定条件下只有赋值运算。其他的结构运算都指的是结构变量的成员的运算。结构变量成员的运算由该结构变量的成员的类型决定。

4. 结构的应用

结构变量在C语言中的应用是比较广泛的。它主要表现在指针、数组、函数等方面，具体有如下几点：

（1）结构变量的成员可以是指针，指针又可以指向结构变量，指向结构变量的指针可作结构成员和函数的参数。

（2）结构变量可作数组元素，指向结构变量的指针可作数组元素，数组又作为结构的成员。处理上带来一定复杂性，实际应用中慎用。

（3）结构变量和指向结构变量的指针都可作为函数的参数和函数的返回值。用指向结构变量的指针作函数参数不仅可实现传址调用，又可节省开销。

（4）结构的定义可以嵌套，并且结构与联合可以相互嵌套，这对解决实际问题带来方便。

（5）共用体也是一种构造的数据类型。它与结构有许多相似之处。但是最大的差别是共用体中的各个成员是共用一个内存单元地址的。

（6）枚举这种具有自身特性的数据类型，比起数组和结构来讲在程序中的应用较少，但由于它具有常量集合特点，因此在某些问题上使用起来也有方便之处。

习　题

1. 填空题

（1）已知结构模式 struct{int a,b,c}；定义结构变量应该______________。

（2）指向自身结构的指针可以作该结构的成员，但是不允许______________作为该结构成员。

（3）给结构体赋初值时，要求初始值表中数据项的顺序与____________一致。

（4）给一个结构变量赋值实质上是给该结构变量的____________赋值。

（5）结构数组的各个元素必须是____________结构变量。

（6）共用体变量的所有成员是共用____________，因此，各成员间的____________为0。

2. 判断下列描述是否正确，并修改不正确的。

（1）数组、结构、共用体和枚举都是C语言的数据类型。

（2）在同一个结构中，结构名、结构成员名和结构变量名不允许相同。

（3）无名结构不能定义结构变量。

（4）结构体变量可以作为共用体变量成员，但共用体变量不能作为结构变量成员。

（5）枚举符是一些具有整型数值的字符串。

（6）在枚举表中当有一个枚举符被显式复制后，其他枚举符也需显示赋值，不然它的值就无法确定了。

3. 指出下列程序段中的错误，并改正。

（1）

```
void main()
{
    struct
    {
        int a,b;
    }x={1,2};
    printf("%d\t%d\n", x.a,x.b);

}
```

（2）

```
union a
{
    int a;
    char c;
    float a;
}a,b;
```

第10章　文　件

【学习目标】

☞ 掌握文件的概念；
☞ 掌握文件的打开和关闭；
☞ 掌握文件的读写；
☞ 掌握 if 语句的嵌套使用方法；
☞ 掌握文件的随机读写；
☞ 了解文件的出错检测。

【知识要点】

🕮 fopen 和 fclose 函数；
🕮 fgetc 和 fputc 函数；
🕮 fread 和 fwrite 函数；
🕮 文件定位与出错检测。

10.1　文件概述

10.1.1　文件的概念

所谓“文件”是指一组相关数据的有序集合。这个数据集有一个名称，叫做文件名。文件通常是驻留在外部介质上的，在使用时才调入内存中来。

从用户的角度看，文件可分为普通文件和设备文件两种。普通文件是指驻留在磁盘或其他外部介质上的一个有序数据集，可以是源文件、目标文件、可执行程序，也可以是一组待输入处理的原始数据，或者是一组输出的结果。源文件、目标文件、可执行程序可以称作程序文件，输入、输出数据可称作数据文件。设备文件是指与主机相连的各种外部设备，如显示器、打印机、键盘等。在操作系统中，把外部设备也看作是一个文件来进行管理，把它们的输入、输出等同于对磁盘文件的读和写。通常把显示器定义为标准输出文件，一般情况下在屏幕上显示有关信息就是向标准输出文件输出。如前面经常使用的 printf、putchar 函数就是这类输出。键盘通常被指定为标准输入文件，从键盘上输入就意味着从标准输入文件上输入数据。scanf、getchar 函数就属于这类输入。

从文件编码的方式来看，文件可分为 ASCII 码文件和二进制码文件两种。ASCII 文件也称为文本文件，这种文件在磁盘中存放时每个字符对应一个字节，用于存放对应的 ASCII 码。

例如，数 5678 的存储形式为：

ASCII 码：	00110101	00110110	00110111	00111000
	↓	↓	↓	↓
十进制码：	5	6	7	8

共占用 4 个字节。

ASCII 码文件可在屏幕上按字符显示，例如，源程序文件就是 ASCII 文件，按字符显示。

二进制文件是按二进制的编码方式来存放文件的。

例如，数 5678 的存储形式为：

00010110　00101110

只占二个字节。二进制文件虽然也可在屏幕上显示，但其内容无法读懂。C 系统在处理这些文件时，并不区分类型，都看成是字符流，按字节进行处理。

输入、输出字符流的开始和结束只由程序控制而不受物理符号（如回车符）的控制。因此，也把这种文件称作“流式文件”。

本章讨论流式文件的打开、关闭、读、写、定位等各种操作。

10.1.2 文件指针

在 C 语言程序设计中，要对一个文件进行处理，就必须为该文件定义一个指针，该指针的类型为 FILE。类型 FILE 是在 stdio.h 包含文件中定义的。

定义说明文件指针的一般形式为：

FILE *指针变量标识符;

其中，FILE 应为大写，它实际上是由系统定义的一个结构，该结构中含有文件名、文件状态和文件当前位置等信息。在编写源程序时不必关心 FILE 结构的细节。

例如：

```
FILE *fp;
```

表示 fp 是指向 FILE 结构的指针变量，通过 fp 即可找到存放某个文件信息的结构变量，然后按结构变量提供的信息找到该文件，实施对文件的操作。习惯上也笼统地把 fp 称为指向一个文件的指针。

标准文件操作的四个基本步骤：① 文件类型指针的定义；② 打开标准文件；③ 标准文件的读或写的操作；④ 标准文件的关闭操作。

10.2 文件的操作

正像使用某个教室一样，在使用之前应当先打开教室门，使用完毕后应该关门，对文件的操作也是如此。文件在进行读写操作之前要先打开，使用完毕要关闭。所谓打开文件，实际上是建立文件的各种相关信息，并使文件指针指向该文件，以便进行其他操作。关闭文件则断开指针与文件之间的联系，也就禁止再对该文件进行操作。

在 C 语言中，文件操作都是由库函数来完成的。

10.2.1 知识点

1. 文件的打开（fopen 函数）

（1）在打开一个文件时，程序通知编译系统 3 个方面的信息：

① 要打开哪一个文件，以“文件名”指出；

② 对文件的使用方式；

③ 函数的返回值赋给哪一个指针变量即让哪一个指针变量指向该文件。

在 C 语言中，使用 fopen 函数来打开一个文件，其调用的一般形式为：

文件指针名=fopen（fname, mode）;

其中，“文件指针名”必须是被说明为 FILE 类型的指针变量；“fname”是被打开文件的文件名，可以是字符串常量、字符型数组或字符型指针，文件名也可以带路径；“mode”是指文件的使用方式、类型和操作要求。

例如：

```
FILE *fp;
fp=("fileA","r");
```

其意义是在当前目录下打开文件 fileA，只允许进行“读”操作，并使 fp 指向该文件。

又如：

```
FILE *fphzk;
fphzk=("c:\\hzk16","rb");
```

其意义是打开 C 驱动器磁盘的根目录下的文件 hzk16，这是一个二进制文件，只允许按二进制方式进行读操作。两个反斜线“\\”中的第一个表示转义字符，第二个表示根目录。

（2）使用文件的方式共有 12 种，表 10.1 给出了它们的符号和意义。

表 10.1　文件使用方式及其意义

文件使用方式	意　义
“rt”	只读：打开一个文本文件，只允许读数据
“wt”	只写：打开或建立一个文本文件，只允许写数据
“at”	追加：打开一个文本文件，并在文件末尾写数据
“rb”	只读：打开一个二进制文件，只允许读数据
“wb”	只写：打开或建立一个二进制文件，只允许写数据
“ab”	追加：打开一个二进制文件，并在文件末尾写数据
“rt+”	读写：打开一个文本文件，允许读和写
“wt+”	读写：打开或建立一个文本文件，允许读写
“at+”	读写：打开一个文本文件，允许读，或在文件末追加数据
“rb+”	读写：打开一个二进制文件，允许读和写
“wb+”	读写：打开或建立一个二进制文件，允许读和写
“ab+”	读写：打开一个二进制文件，允许读，或在文件末追加数据

对于文件使用方式有以下几点说明：

① 文件使用方式由 r、w、a、t、b、+其 6 个字符拼成，各字符的含义是：

r（read）：读；

w（write）：写；

a（append）：追加；

t（text）：文本文件，可省略不写；

b（banary）：二进制文件；

+：读和写。

② 凡用“r”打开一个文件时，该文件必须已经存在，且只能从该文件读出。

③ 用“w”打开的文件只能向该文件写入。若打开的文件不存在，则以指定的文件名建立该文件，若打开的文件已经存在，则将该文件删去，重新建一个新文件。

④ 若要向一个已存在的文件追加新的信息，只能用“a”方式打开文件。但此时该文件必须是存在的，否则将会出错。

⑤ 在打开一个文件时，如果出错，fopen 将返回一个空指针值 NULL。在程序中可以用这一信息来判别是否完成打开文件的工作，并作相应的处理。因此，常用以下程序段打开文件：

```
if((fp=fopen("c:\\hzk16","rb")==NULL)
{
    printf("\nerror on open c:\\hzk16 file!");
        getch();
        exit(1);
}
```

这段程序的意义是，如果返回的指针为空，表示不能打开 C 盘根目录下的 hzk16 文件，则给出提示信息“error on open c：\ hzk16 file!”，下一行 getch()的功能是从键盘输入一个字符，但不在屏幕上显示。在这里，该行的作用是等待，只有当用户从键盘敲任一键时，程序才继续执行，因此，用户可利用这个等待时间阅读出错提示。敲键后执行 exit（1）退出程序。

注意：

① 把一个文本文件读入内存时，要将 ASCII 码转换成二进制码，而把文件以文本方式写入磁盘时，也要把二进制码转换成 ASCII 码，因此，文本文件的读写要花费较多的转换时间。对二进制文件的读写不存在这种转换。

② 标准输入文件（键盘），标准输出文件（显示器），标准出错输出（出错信息）是由系统打开的，可直接使用。

2. 文件的关闭（fclose 函数）

打开文件，对文件进行操作后，应立即关闭，以免数据丢失。关闭文件是把输出缓冲区的数据输出到磁盘文件中，同时释放文件指针变量，使文件指针变量不再指向该文件，此后，不能再通过该文件指针变量来访问该文件，除非再次打开该文件。

在 C 语言中，关闭文件使用 fclose 函数来实现，fclose 函数调用的一般形式是：

fclose（文件指针）;

例如：

fclose (fp);

其中，fp 是在打开文件时获得的。执行本函数时，如果文件关闭成功，fclose 函数返回值为 0。如果返回非零值则表示有错误发生。对文件进行了关闭操作后，如果想再次使用该文件，必须重新打开该文件，才能执行操作。

如果文件使用后不关闭将会出现的问题是：

（1）可能丢失暂存在文件缓冲区中的数据。所以，需要执行关闭函数，由关闭函数将文件缓冲区中的数据写入磁盘中，并释放文件缓冲区。

（2）可能影响对其他文件的打开操作。由于每个系统允许打开的文件个数是有限的，所以当一个文件使用完之后，应立即关闭。

3. 文件中的字符读写

字符读写函数是以字符（字节）为单位的读写函数。每次可从文件读出或向文件写入一个字符。

（1）读字符函数 fgetc。

fgetc 函数的功能是从指定的文件中读一个字符，函数调用的形式为：

字符变量=fgetc（文件指针）;

例如：

ch=fgetc(fp);

其意义是从打开的文件 fp 中读取一个字符并送入 ch 中。

对于 fgetc 函数的使用有以下几点说明：

① 在 fgetc 函数调用中，读取的文件必须是以读或读写方式打开的。

② 读取字符的结果也可以不向字符变量赋值，例如：

fgetc(fp);

但是读出的字符不能保存。

③ 在文件内部有一个位置指针，用来指向文件的当前读写字节。当文件打开时，该指针总是指向文件的第一个字节。使用 fgetc 函数后，该位置指针将向后移动一个字节。因此可连续多次使用 fgetc 函数，读取多个字符。应注意文件指针和文件内部的位置指针不是一回事。文件指针是指向整个文件的，需在程序中定义说明，只要不重新赋值，文件指针的值是不变的。文件内部的位置指针用以指示文件内部的当前读写位置，每读写一次，该指针向后移动一项，它不需在程序中定义说明，而是由系统自动设置的。

（2）写字符函数 fputc。

fputc 函数的功能是把一个字符写入指定的文件中，函数调用的形式为：

fputc（字符量，文件指针）;

其中，待写入的字符量可以是字符常量或变量，例如：

fputc('a',fp);

其意义是把字符 a 写入 fp 所指向的文件中。

对于 fputc 函数的使用也要说明几点：

① 被写入的文件可以用写、读写、追加方式打开，用写或读写方式打开一个已存在的文

件时，将清除原有的文件内容，写入字符从文件首开始。如需保留原有文件内容，希望写入的字符以文件末开始存放，必须以追加方式打开文件。被写入的文件若不存在，则创建该文件。

② 每写入一个字符，文件内部位置指针向后移动一个字节。

③ fputc 函数有一个返回值，如果写入成功则返回写入的字符，否则返回一个 EOF。可用此来判断写入是否成功。

4. 文件中的字符串读写

（1）读字符串函数 fgets。

该函数的功能是从指定的文件中读一个字符串到字符数组中，函数调用的形式为：

```
fgets(字符数组名,n,文件指针);
```

其中的 n 是一个正整数。表示从文件中读出的字符串不超过 n－1 个字符。在读入的最后一个字符后加上串结束标志'\0'。

例如：

```
fgets(str,n,fp);
```

的意义是从 fp 所指的文件中读出 n－1 个字符送入字符数组 str 中。

（2）写字符串函数 fputs。

fputs 函数的功能是向指定的文件写入一个字符串，其调用的形式为：

```
fputs(字符串,文件指针);
```

其中，字符串可以是字符串常量，也可以是字符数组名，或指针变量，例如：

```
fputs("abcd",fp);
```

其意义是把字符串“abcd”写入 fp 所指的文件中。

5. 文件中的数据块读写

C 语言还提供了用于整块数据的读写函数。可用来读写一组数据，如一个数组元素，一个结构变量的值等。

读数据块函数调用的一般形式为：

```
fread(buffer,size,count,fp);
```

写数据块函数调用的一般形式为：

```
fwrite(buffer,size,count,fp);
```

其中：buffer 是一个指针，在 fread 函数中，它表示存放输入数据的首地址。在 fwrite 函数中，它表示存放输出数据的首地址。size 表示数据块的字节数。count 表示要读写的数据块块数。fp 表示文件指针。

例如：

```
fread(fa,4,5,fp);
```

其意义是从 fp 所指的文件中，每次读 4 个字节（一个实数）送入实数组 fa 中，连续读 5 次，即读 5 个实数到 fa 中。

6. 文件中的格式化读写

fscanf、fprintf 函数与前面使用的 scanf、printf 函数的功能相似，都是格式化读写函数。

两者的区别在于 fscanf 函数和 fprintf 函数的读写对象不是键盘和显示器，而是磁盘文件。

这两个函数的调用格式为：

fscanf(文件指针,格式字符串,输入表列);

fprintf(文件指针,格式字符串,输出表列);

例如：

```
fscanf(fp,"%d%s",&i,s);
fprintf(fp,"%d%c",j,ch);
```

用 fscanf 和 fprintf 函数也可以完成【例 9.4】的问题。

7. 文件的定位

前面介绍的对文件的读写方式都是顺序读写，即读写文件只能从头开始，顺序读写各个数据。但在实际问题中常要求只读写文件中某一指定的部分。为了解决这个问题可移动文件内部的位置指针到需要读写的位置，再进行读写，这种读写称为随机读写。

实现随机读写的关键是要按要求移动位置指针，这称为文件的定位。

移动文件内部位置指针的函数主要有两个，即 rewind 函数和 fseek 函数。

rewind 函数前面已多次使用，其调用形式为：

rewind(文件指针);

它的功能是把文件内部的位置指针移到文件首。下面主要介绍 fseek 函数。

fseek 函数用来移动文件内部位置指针，其调用形式为：

fseek(文件指针,位移量,起始点);

其中："文件指针"指向被移动的文件；"位移量"表示移动的字节数，要求位移量是 long 型数据，以便在文件长度大于 64 KB 时不会出错。当用常量表示位移量时，要求加后缀"L"；"起始点"表示从何处开始计算位移量，规定的起始点有三种：文件首，当前位置和文件尾其表示方法见表 10.2。

表 10.2　起始点表示方法

起始点	表示符号	数字表示
文件首	SEEK_SET	0
当前位置	SEEK_CUR	1
文件末尾	SEEK_END	2

例如：

```
fseek(fp,100L,0);
```

其意义是把位置指针移到离文件首 100 个字节处。

还要说明的是 fseek 函数一般用于二进制文件。在文本文件中由于要进行转换，故往往计算的位置会出现错误。

8. 文件出错检测

C 语言中常用的文件检测函数有以下几个。

（1）文件结束检测函数 feof 函数。其调用的格式为：

feof(文件指针);

功能：判断文件是否处于文件结束位置，如果是，则返回值为 1；否则为 0。

（2）读写文件出错检测函数。

ferror()用来确定文件操作系统是否出错。其调用的格式为：

ferror(文件指针);

功能：如果 ferror()函数返回值为 0，则表示此前的文件操作成功；否则，若返回一个非 0 值，则表示最近一次文件操作出错。由于对文件的每次 I/O 操作都会形成新的出错码，所以在每次文件操作后应立即调用 ferror()函数查看此次操作是否成功，否则会丢失信息。

其常用的操作格式为：

```
if(ferror(fp))
{
    printf("file can not I/O\n");
    fclose(fp);
    exit(0);
}
```

（3）文件出错标志和文件结束标志置 0 函数。

clearerr 函数的调用格式为：

clearerr(文件指针);

功能：本函数用于清除出错标志和文件结束标志，使它们为 0 值。

10.2.2 案例解析

【例 10.1】 编写一个程序，打开文本文件 file.txt，用于文件读操作。

（1）案例分析。

在操作一个文件之前，首先应判断该文件是否存在，如果存在则打开；如果不存在则需进行另外的操作。

（2）操作步骤。

① 判断文件是否存在；

② 如果存在，则打开。

（3）程序源代码。

```
#include <stdio.h>
#include <stdlib.h>
void main()
{
    FILE *fp;
    if((fp=fopen("file.txt","r"))==NULL)
    {
        printf("It can not open the file.\n");
        exit(0);
```

```
    }
    else
        printf("It can open the file.\n");
}
```

（4）程序运行结果如下：

It can not open the file.

【例 10.2】 从键盘输入一行字符，写入一个文件，再把该文件内容读出显示在屏幕上。

（1）案例分析。

程序以读写文本文件方式打开文件 hello.txt，之后从键盘读入一个字符再进入循环，当读入字符不为回车符时，则把该字符写入文件之中，然后继续从键盘读入下一字符。每输入一个字符，文件内部位置指针向后移动一个字节。写入完毕，该指针已指向文件末。如要把文件从头读出，须把指针移向文件头，程序 rewind 函数用于把 fp 所指文件的内部位置指针移到文件头。之后的代码用于读出文件中的一行内容。

（2）操作步骤。

① 判断文件是否存在；

② 利用 fputc 函数将字符逐个写入文件（使用循环）；

③ 再次利用循环，将文件中的内容通过 fgetc 函数读取出来。

（3）程序源代码。

```
#include<stdio.h>
void main()
{
    FILE *fp;
    char ch;
    if((fp=fopen("d:\\example\\hello.txt","wt+"))==NULL)
    {
        printf("Cannot open file strike any key exit!");
        getch();
        exit(1);
    }
    printf("input a string:\n");
    ch=getchar();
    while(ch!='\n')
    {
        fputc(ch,fp);
        ch=getchar();
    }
    rewind(fp);
    ch=fgetc(fp);
    while(ch!=EOF)
```

```
    {
        putchar(ch);
        ch=fgetc(fp);
    }
    printf("\n");
    fclose(fp);
}
```

（4）程序运行结果。（略）

【例 10.3】 从 hello.txt 文件中读入一个含 10 个字符的字符串

（1）案例分析。

本例需定义一个字符数组 str，共 11 个字节，在以读文本文件方式打开文件 hello.txt 后，从中读出 10 个字符送入 str 数组，在数组最后一个单元内将加上'\0'，然后在屏幕上显示输出 str 数组。

（2）操作步骤。

① 判断文件是否存在；

② 利用 fgets 函数读出 10 个字符；

③ 加上'\0'，构成 11 个字符的数组；

④ 输出显示数组。

（3）程序源代码。

```
#include<stdio.h>
void main()
{
    FILE *fp;
    char str[11];
    if((fp=fopen("d:\\example\\hello.txt","rt"))==NULL)
    {
        printf("\nCannot open file strike any key exit!");
        getch();
        exit(1);
    }
    fgets(str,11,fp);
    printf("\n%s\n",str);
    fclose(fp);
}
```

（4）程序运行结果。（略）

【例 10.4】 从键盘输入两个学生的数据，写入一个文件中，再读出这两个学生的数据并显示在屏幕上。

（1）案例分析。

本例程序需定义一个结构 stu，说明两个结构数组 boya 和 boyb 以及两个结构指针变量

pp 和 qq。pp 指向 boya，qq 指向 boyb。程序以读写方式打开二进制文件“stu.txt”，输入这两个学生的数据之后，写入该文件中，然后把文件内部位置指针移到文件首，读出两个学生数据后，在屏幕上显示。

（2）操作步骤。

① 定义学生结构；

② 判断文件是否存在；

③ 利用 fwrite 函数写入学生数据块；

④ 利用 rewind 函数将文件指针移到文件首；

⑤ 利用 fread 函数读出学生数据块。

（3）程序源代码。

```
#include<stdio.h>
struct stu
{
        char name[10];
        int num;
        int age;
        char addr[15];
}
boya[2],boyb[2],*pp,*qq;
void main()
{
        FILE *fp;
        char ch;
        int i;
        pp=boya;
        qq=boyb;
        if((fp=fopen("d:\\example\\stu.txt","wb+"))==NULL)
        {
                printf("Cannot open file,press any key exit!");
                getch();
                exit(1);
        }
        printf("\ninput data\n");
        for(i=0;i<2;i++,pp++)
        {
                scanf("%s,%d,%d,%s",pp->name,&pp->num,&pp->age,pp->addr);
        }
        pp=boya;
        fwrite(pp,sizeof(struct stu),2,fp);
```

```
    rewind(fp);
    fread(qq,sizeof(struct stu),2,fp);
    printf("\n\nname \tnumber \tage \taddr\n");
    for(i=0;i<2;i++,qq++)
    {
        printf("%s\t%5d%7d    %s\n",qq->name,qq->num,qq->age,qq->addr);
    }
    fclose(fp);
}
```

（4）程序运行结果。（略）

【例 10.5】 在学生文件 stu.txt 中读出第二个学生的数据。

（1）案例分析。

学生文件中的学生数据一定是按顺序存放的，如果直接读取一定是从第一个学生的信息开始读取，因此我们需要先将文件指针进行定位，利用 fseek 函数来移动文件位置指针。

文件 stu.txt 已由【例 9.4】的程序建立，本程序用随机读出的方法读出第二个学生的数据。程序中定义 boy 为 stu 类型变量，qq 为指向 boy 的指针。以读二进制文件方式打开文件，程序移动文件位置指针。其中的 i 值为 1，表示从文件头开始，移动一个 stu 类型的长度，然后再读出的数据即为第二个学生的数据。

（2）操作步骤。

① 判断文件是否存在；

② 以读二进制文件方式打开文件；

③ 移动文件指针到文件首；

④ 利用 fseek 函数来移动文件指针到指定位置；

⑤ 读出数据。

（3）程序源代码。

```
#include<stdio.h>
struct stu
{
    char name[10];
    int num;
    int age;
    char addr[15];
}boy,*qq;
void main()
{
    FILE *fp;
    char ch;
    int i=1;
    qq=&boy;
```

```
        if((fp=fopen("stu.txt","rb"))==NULL)
        {
                printf("Cannot open file, press any key exit!");
                getch();
                exit(1);
        }
        rewind(fp);
        fseek(fp,i*sizeof(struct stu),0);
        fread(qq,sizeof(struct stu),1,fp);
        printf("\n\nname\tnumber      age       addr\n");
        printf("%s\t%5d   %7d         %s\n",qq->name,qq->num,qq->age, qq->addr);
}
```

（4）程序运行结果。（略）

10.2.3 案例练习

（1）以读写的方式打开 D 盘的“d：\abc.txt”文件（假设 D 盘中有该文件和没有该文件的两种情况）。

（2）在练习 1 中打开“d：\abc.txt”文件后，关闭该文件。

（3）从键盘输入一行字符串，将其中的小写字母全部转换成大写字母，然后输出到一个磁盘文件“test.dat”中保存。输入的字符串以“！”结束。

（4）假设学生信息包括学号、姓名、数学成绩、英语成绩，而且把若干名学生的信息输入存放在 data.dat 文件中。编写程序，从文件中删除数学和英语成绩均不及格的学生。

10.3 本章小结

文件是存储在外部介质上的数据集合，操作系统是以文件为单位对数据进行管理的，文件是程序设计中一个非常重要的概念，任何一种计算机语言都具有较强的文件操作能力。文件也是一种数据类型，是指放在磁盘上的文件，其可以是各种类型的数据，也可以是程序清单等。对文件的操作有打开与关闭、读与写。C 语言中还有指向文件的指针变量。我们将本章的知识要点归纳如下：

（1）文件是指存储在外部介质上的数据集合。文件指针是指向一个结构体的指针变量。这个结构体中包含有缓冲区地址、在缓冲区中当前存取的字符的位置、对文件是读还是写等信息。所有一切都包含在头文件 stdio.h 中进行了定义。

（2）C 文件按编码方式分为二进制文件和 ASCII 文件。

（3）C 语言中，用文件指针标识文件，当一个文件被打开时，可取得该文件指针。

（4）文件在读写之前必须打开，读写结束必须关闭。

（5）文件可按只读、只写、读写、追加等 4 种操作方式打开，同时还必须指定文件的类型是二进制文件还是文本文件。

（6）文件可按字节、字符串、数据块为单位读写，文件也可按指定的格式进行读写。

（7）文件内部的位置指针可指示当前的读写位置，移动该指针可以对文件实现随机读写。

习　题

1．选择题

（1）若执行 fopen 函数时发生错误，则函数的返回值是（　　）。

A. 随机值　　B. 1　　C. NULL　　D. EOF

（2）以下叙述中不正确的是（　　）。

A. C 语言中的文本文件以 ASCII 码形式存储数据

B. C 语言中对二进制文件的访问速度比文本文件快

C. C 语言中随机读写方式不适用于文本文件

D. C 语言中顺序读写方式不适用于二进制文件

（3）标准函数 fgets（s，n，f）的功能是（　　）。

A. 从文件 f 中读取长度为 n 的字符串存入指针 s 所指的内存

B. 从文件 f 中读取长度不超过 n－1 的字符串存入指针 s 所指的内存

C. 从文件 f 中读取 n 个字符串存入指针 s 所指的内存

D. 从文件 f 中读取长度为 n－1 的字符串存入指针 s 所指的内存

（4）C 语言中标准输入文件 stdin 是指（　　）。

A. 键盘　　B. 显示器　　C. 鼠标　　D. 硬盘

（5）要打开一个已存在的非空文件 file 用于修改，选择正确的语句（　　）。

A. fp=fopen（"file"，"r"）;　　B. fp=fopen（"file"，"a+"）;

C. fp=fopen（"file"，"w"）;　　D. fp=fopen（"file"，"r+"）;

（6）使用 fgetc 函数，则打开文件的方式必须是（　　）。

A. 只写　　B. 追加

C. 读或读/写　　D. 参考答案 B 和 C 都正确

（7）有如下程序：

```
#include <stdio.h>
void main()
{
    FILE *fp1;
    fp1=fopen("f1.txt","w");
    fprintf(fp1,"abc");
    fclose(fp1);
}
```

若文本文件 f1.txt 中原有内容为：good，则运行以上程序后文件 f1.txt 中的内容为（　　）。

A. gddoabc　　B. abcd　　C. abc　　D. abcgood

（8）在（7）中程序，当顺利执行了文件关闭操作时，fclose 函数的返回值是（　　）。

A. －1　　B. TRUE　　C. 0　　D. 1

（9）在 C 程序中，可把整型数以二进制形式存放到文件中的函数是（　　）。

A. fprintf 函数　　B. fread 函数　　C. fwrite 函数　　D. fputc 函数

2. 填空题

（1）已有文本文件“test.txt”，其中的内容为：“Hello，everyone!”。以下程序中，文件 test.txt 已正确为“读”而打开，由文件指针 fr 指向该文件，则程序的输出结果是________。

```
#include <stdio.h>
main()
{
    FILE *fr;
    char str[40];
    ……
    fgets(str,5,fr);
    printf("%s\n",str);
    fclose(fr);
}
```

（2）以下程序中用户由键盘输入一个文件名，然后输入一串字符（用#结束输入），存放到此文件中形成文本文件，并将字符的个数写到文件尾部，请填空。

```
#include <stdio.h>
Main()
{
    FILE *fp;
    char ch,fname[32];
    int count=0;
    printf("Input the filename:");
    scanf("%s",fname);
    if((fp=fopen(__________,"w+"))==NULL)
    {
        printf("Can't open file:%s\n",fname);
        exit(0);
    }
    printf("Enter data:\n");
    while((ch=getchar())!="#")
    {
        fputc(ch,fp);
        count++;
    }
    fprintf(__________,"\n%d\n",count);
    fclose(fp);
```

```
}
```

（3）以下程序用来统计文件中的字符个数，请填空。

```
#include <stdio.h>
main()
{
    FILE *fp;
    long num=0L;
    if((fp=fopen("fname.dat"),"r"))==NULL)
    {
        printf("Open error\n");
        exit(0);
    }
    while(__________)
    {
        fgetc(fp);
        num++;
    }
    printf("num=%ld\n",num - 1);
    fclose(fr);
}
```

3．程序设计题

（1）输入 10 个学生的数据信息（包括：学号、姓名、性别、年龄和成绩），建立学生数据文件 student.dat，然后从文件中读数据并输出。

（2）统计并输出上题中所建数据文件 student.dat 中的男、女生人数，平均年龄，平均成绩，90 分以上人数，80 ~ 89 分人数，70 ~ 79 分人数，60 ~ 69 分人数和不及格人数。

（3.）对一个文本文件的内容进行加密，密码规则是：所有 a 转换成 x，x 转换成 a，b 转换成 y，y 转换成 b，输出原文的密码文件或者输出密码文件的原文。

上机实训

编写函数 ReadDat()，实现从文件 ENG 中读取一篇英文文章，存入到字符串数组 xx 中，并编制函数 encryptChar()，按给定的替代关系对数组 xx 中的所有字符进行替代，仍放入数组 xx 对应的位置上，最后调用函数 WriteDat()把结果 xx 输入到文件 PS.DAT 中。

替代关系：f（p）=p*11 mod 256（p 是数组中某一个字符的 ASCII 码值，f（p）是计算后新字符的 ASCII 码值），如果原字符是小写字母或计算后 f（p）值小于等于 32，则该字符不变，否则将 f（p）所对应的字符进行替代。

编程思路：本题主要考查的是对文件的打开和读写操作，这里读入英文字母采用 fgets 函数，写入字母用 fprintf 函数进行格式化的写入。

附录 A　常用字符与 ASCII 代码对照表

ASCII 值	字符	ASCII 值	字符	ASCII 值	字符
32	[space]	64	@	96	`
33	!	65	A	97	a
34	“	66	B	98	b
35	#	67	C	99	c
36	$	68	D	100	d
37	%	69	E	101	e
38	&	70	F	102	f
39	‘	71	G	103	g
40	(	72	H	104	h
41	)	73	I	105	i
42	*	74	J	106	j
43	+	75	K	107	k
44	,	76	L	108	l
45	-	77	M	109	m
46	.	78	N	110	n
47	/	79	O	111	o
48	0	80	P	112	p
49	1	81	Q	113	q
50	2	82	R	114	r
51	3	83	S	115	s
52	4	84	T	116	t
53	5	85	U	117	u
54	6	86	V	118	v
55	7	87	W	119	w
56	8	88	X	120	x
57	9	89	Y	121	y
58	:	90	Z	122	z
59	;	91	[	123	{
60	<	92	\	124	|
61	=	93	]	125	}
62	>	94	^	126	~
63	?	95	_	127	DEL

附录 B　运算符的优先级和结合性

优先级	运算符	功能	适用类	要求运算对象个数	结合性
15	()	强制类型、参数表下标	参数类数组	2	从左至右
	[]				
	->	存取结构元素	结构		
14	!	求逆	逻辑	1	从右至左
	~	求反	字位		
	++	自增 1	+1		
	--	自减 1	-1		
	-	取负	算术		
	&	取地址	一般变量		
	*	取内容	指针变量		
	（类型名）	强制类型	类型转换		
	sizeof	长度计算	数据类型		
13	*	乘	算术	2	从左至右
	/	除			
	%	取余（整数操作）			
12	+	加		2	
	-	减			
11	>>	左移	字位	2	从左至右
	<<	右移			
10	<	小于	关系	2	从左至右
	<=	小于等于			
	>	大于			
	>=	大于等于			
9	==	等于		2	
	! =	不等于			

续表

<table>
<tr><th>优先级</th><th>运算符</th><th>功能</th><th>适用类</th><th>要求运算对象个数</th><th>结合性</th></tr>
<tr><td>8</td><td>&</td><td>按位与</td><td rowspan="3">字位</td><td>2</td><td rowspan="3">从左至右</td></tr>
<tr><td>7</td><td>^</td><td>按位异或</td><td>2</td></tr>
<tr><td>6</td><td>|</td><td>按位或</td><td>2</td></tr>
<tr><td>5</td><td>&&</td><td>逻辑与</td><td rowspan="2">逻辑</td><td>2</td><td rowspan="2">从左至右</td></tr>
<tr><td>4</td><td>||</td><td>逻辑或</td><td>2</td></tr>
<tr><td>3</td><td>?:</td><td>条件表达式</td><td>条件</td><td>3</td><td>从右至左</td></tr>
<tr><td rowspan="2">2</td><td>=</td><td>赋值</td><td rowspan="2">赋值</td><td>2</td><td rowspan="2">从右至左</td></tr>
<tr><td>*= /= %=
+= −= >>=
<<= &= ^= !=</td><td>复合的赋值运算符</td><td>2</td></tr>
<tr><td>1</td><td>,</td><td>逗号运算符</td><td>次序</td><td></td><td>从左至右</td></tr>
</table>

附录C　C语言常用库函数

1. 数学函数（头文件“math.h”）

函数名	格　式	功　能	返回值
acos	double scos（x） double x;	计算 $\cos^{-1}(x)$ 的值 $-1<=x<=1$	计算结果
asin	double asin（x） double x;	计算 $\sin^{-1}(x)$ 的值 $-1<=x<=1$	计算结果
atan	double atan（x） double x;	计算 $\tan^{-1}(x)$ 的值 $-1<=x<=1$	计算结果
atan2	double atan2（x，y） double x，y;	计算 $\tan^{-1}(x/y)$ 的值	计算结果
ceil	double ceil（x） double x;	求不小于 x 的最小整数	该整数的双精度浮点数
cos	double cos（x） double x;	计算 cos（x）的值，x 的单位为弧度	计算结果
cosh	double cosh（x）; double x;	计算 x 的双曲余弦 cosh（x）的值	计算结果
exp	double exp（x）; double x;	求 e^x 的值	计算结果
fabs	double fabs（x）; double x;	求 x 的绝对值	计算结果
log	double log10（x）; double x;	求 $\log_e x$，即 $\ln x$	计算结果
log10	double log10（x） double x;	求 $\log_{10} x$	计算结果
pow	double pow（x，y） double x，y;	计算 x^y 的值	计算结果
sin	double sin（x）; double x;	计算 sin（x）的值，x 的单位为弧度	计算结果
sqrt	double sqrt（x） double x;	计算 $\sqrt{x}$，x 应为>=0	计算结果
tan	double tan（x） double x;	计算 tan（x）的值，x 的单位为弧度	计算结果

2. 输入输出函数（头文件“stdio.h”）

函数名	格　式	功　能	返回值
clearerr	void clearerr（fp） FILE *fp;	清除 fp 指向的文件的错误标志，同时清除文件结束指示器	无
close	int close（x） int fd;	关闭文件	关闭成功;返回 0,否则，返回 -1
creat	int creat（filename，mode） char *filename; int mode;	以 mode 所指定的方式建立文件，文件名为 filename	成功则返回整数；否则返回 -1
eof	int eof（fd） int fd;	判断是否处于文件结束	遇到文件结束返回 1；否则返回 0
fclose	int fclose（fp） FILE *fp;	关闭 fp 所指的文件释放缓冲区	如果关闭成功返回 0；否则返回 1
feof	int feof（fp） FILE *fp;	检查文件是否结束	遇文件结束符返回非零值；否则返回 0
ferror	int ferror（fp） FILE *fp;	测试 fp 所指向的文件是否有错	没错返回 0；有错返回非零
fflush	int fflush（fp） FILE *fp;	把 fp 指向的文件的所有数据和控制信息存盘	若成功返回 0；否则返回非零
fgetc	int fgetc（fp） FILE *fp;	从 fp 所指定的文件中取得下一个字符	返回所得到的字符，若读入出错返回 EOF
fgets	char *fgets（buf，n，fp） char *buf; int n; FILE *fp;	从 fp 指向的文件读取一个长度为 n－1 的字符串，存入起始地址为 buf 的空间	成功，返回地址 buf，若遇文件结束或出错，返回 NULL
fopen	FILE *fopen（fname，mode） char *fname; char *node;	以 mode 指定的方式打开名为 fname 的文件	成功,返回一个文件指针(文件信息区的起始地址)；否则返回 0
fprintf	int fprintf(fp, format, args, ..) FILE *fp; char *format;	把 args 的值以 format 指定的格式输出到 fp 所指定的文件中	实际输出的字符数
fputc	int fputc（ch，fp） char ch; FILE *fp;	将字符 ch 输出到 fp 指定的文件中	成功，则返回该字符；否则返回 EOF
fputs	int fputs（str，fp） char *str; FILE *fp;	将 str 指向的字符串输出到 fp 所指定的文件	成功，返回 0；否则返回非 0 值
fread	int fread（pt，size，n，fp） char *pt; unsigned size; unsignedn n; FILE *fp;	从 fp 所指定的文件中读取长度为 size 的 n 个数据项，存到 pt 所指向的内存区	返回所读的数据项个数，如遇文件结束或出错返回 0
fscanf	int fscanf（fp，format，args） FILE *fp; char *format;	从 fp 指定的文件中按 format 给定的格式将输入数据送到 args 所指向的内存变元（args 是指针）	已输入的数据个数
fseek	int fseek（fp，offset，base） FILE *fp; long offset; int base;	将 fp 所指向的文件的位置指针移到以 base 所指出的位置为基准，以 offset 为偏移量的位置	返回当前位置，否则返回 -1

续表

函数名	格式	功能	返回值
ftell	long ftell（fp） FILE *fp;	返回fp所指向的文件中的读写位置	返回 fp 所指向的文件中的读写位置
fwrite	int fwrite（ptr，size，n，fp） char *ptr; unsigned sizel unsigned n; FILE *fp;	把ptr所指向的n*size个字节输出到fp所指向的文件中	写到文件中的数据项个数
getc	int getc（fp） FILE *fp;	从fp所指向的文件中读入一个字符	返回所读的字符，若文件结束或出错，返回EOF
getchar	int getchar()	从标准输入设备读取下一个字符	返回所读字符若文件结束，或出错，则返回－1
gets	char *gets（str） char *str;	从标准输入设备读取字符串并把它们放入由str指向的字符数组中	成功，返回str；否则，返回NULL
getw	int getw（fp） FILE *fp;	从fp所指向的文件读取下一个整数	输入的整数如文件结束或出错，返回－1
printf	int printf（format，args，…） char *format;	在用 format 指定的字符串的控制下，把输出表列 args 的值输出到标准输出设备	输出字符串的个数若出错，返回负数
putc	int putc（ch，fp） int ch; FILE *fp;	把一个字符ch输出到fp所指的文件中	输出的字符 ch 若出错，返回EOF
putchar	int putchar（ch） int ch;	把字符ch输出到标准输出设备	输出的字符 ch 若出错，返回EOF
puts	int puts（str） char *str;	把str指向的字符串输出到标准输出设备，将'\0'转换为回车换行	成功，返回换行符；失败，返回EOF
putw	int putw（i，fp） int i; FILE *fp;	将一个整数i（即一个字）写到 fp 指向的文件中	返回输出的整数；失败，返回EOF
remove	int remove（fname） char *faname;	删除以fname为文件名的文件	成功，返回0；失败，返回－1
rename	int rename（oldname，newname） char *oldname; char *newname;	把由 oldname 所指的文件名改为由newname所指的文件名	成功，返回0；失败，返回－1
rewind	void rewind（fp） FILE *fp;	将 fp 指示的文件中的位置指针置于文件开头位置，并清除文件结束标志和错误标志	无
sprintf	int sprintf（buf，format，args，…） char *buf; char *format;	把按format规定的格式的args数据，送到buf所指向的数组中	返回实际放进数组中的字符数
sscanf	int sscanf（buf，format，args，…） char *buf; char *format;	按format规定的格式，从buf指向的数组中读入数据给 args 所指向的单元（args为指针）	返回值为实际赋值的个数；若返回0，则无任何字段被赋值；若返回EOF，则要从字符串尾读

3. 字符函数（头文件“ctype.h”）

函数名	格　式	功　能	返回值
isalnum	int isalnum（ch） int ch;	检查 ch 是否是字符或数字	是字母或数字返回 1; 否则返回 0
isalpha	int isalpha（ch） int ch;	检查 ch 是否是字母	是，返回 1; 否则返回 0
iscntrl	int iscntrl（ch） int ch;	检查 ch 是否是控制字符	是，返回非零值; 否则返回 0
isdigit	int isdigit（ch） int ch;	检查 ch 是否是数字（0－9）	是，返回 1; 否则返回 0
isgraph	int isgraph（ch） int ch;	检查 ch 是否是可打印字符	是，返回 1; 否则返回 0
islower	int isgraph（ch） int ch;	检查 ch 是否是小写字母	是，返回 1; 否则返回 0
isprint	int isprint（ch） int ch;	检查 ch 是否可打印字符	是，返回 1; 否则返回 0
ispunct	int ispunct（ch） int ch;	检查 ch 是否标点字符，除字母数字和空格外的所有课打印字符	是，返回 1; 否则返回 0
isspace	int isspace（ch） int ch;	检查 ch 是否空格、跳格符（制表符）或换行符	是，返回 1; 否则返回 0
isupper	int isupper（ch） int ch;	检查 ch 是否大写字母	是，返回 1; 否则返回 0
isxdigit	int isxdigit（ch） int ch;	检查 ch 是否一个十六进制数字	是，返回 1; 否则返回 0
tolower	int tolower（ch） int ch;	将 ch 字符转换成小写字母	返回 ch 所代表的字符的小写字母
toupper	int toupper（ch） int ch;	将 ch 字符转换为大写字母	返回 ch 所代表的字符的大写字母

4. 字符串函数（头文件“string.h”）

函数名	格　式	功　能	返回值
memchr	void memchr（buf，ch，count） void *buf; int ch; unsigned int count;	在 buf 的头 count 个字符里搜索 ch 的第一次出现的位置	返回指向 buf 中 ch 第一次出现的位置的指针；如果没有发现 ch，返回 NULL
memcmp	int memcmp（buf1，buf2，count） void *buf1; void *buf2; unsigned int count;	按字典顺序比较由 buf1 和 buf2 指向的数组的头 count 个字符	buf1 小于 buf2，返回小于 0 的整数；buf1 等于 buf2，返回 0；buf1 大于 buf2，返回大于零的整数

续 表

函数名	格 式	功 能	返回值
memcpy	void *memcpy（to，from，count） void *to； void *from； unsigned int count；	把 from 指向的数组中的 count 个字符拷贝到 to 指向的数组中	返回指向 to 的指针
memmove	void memmove（to，from，count） void *to； void *from； unsigned int count；	从 from 指向的数组中把 count 个字符拷贝到由 to 指向的数组中	返回一个指向 to 的指针
memset	void *memset（buf，ch，count） void *buf； int ch； unsigned int count；	把 ch 的低字节拷贝到 buf 所指向的数组的最先 count 个字符中	返回 buf
strcat	char *strcat（str1，str2） char *str1； char *str2；	把字符串 str2 接到 str1 后面，strl 最后面的'\0'被取消	返回 str1
strchr	char *strchr（str，ch） char *str； int ch；	找出 str 指向的字符串中第一次出现字符 ch 的位置	返回指向该位置的指针；若找不到，则返回 NULL
strcmp	int strcmp（str1，str2） char *str1； char *str2；	比较两个字符串 str1，str2	str1>str2，返回正数；stl=str2，返回 0；str1<str2，返回负数
strcpy	char *strcpy（str1，str2） char *str1； char *str2；	把 str2 指向的字符串拷贝到 str1 去	返回 str1
strlen	unsigned int strlen（str） char *str；	统计字符串 str 中字符的个数	返回字符个数
strcspn	Int strcspn（str1，str2） char *str1； char *str2；	确定 str1 中出现属于 str2 的第一个字符下标	返回 str1 中出现属于 str2 的第一个字符的下标
strncat	char *strncat（str1，str2，count） char *str1； char *str2； unsigned int count；	把 str2 指向的字符串中最多 count 个字符连到 str1 后面，并用 NULL 结尾	返回 str1
ctrncpy	char * strncpy（str1，str2，count） char *str1； char *str2； unsigned int count；	把 str2 中最多 count 个字符拷贝到 str1 中去	返回 str1
strstr	int *strstr（str1，str2） char *str11 char *str2；	寻找 str2 指向的字符串在 str1 指向的字符串 1 首次出现的位置	子串首次出现的地址，如果在 str1 指向的字符串中不存在该子串，则返回空指针 NULL

5. 动态存储分配函数（头文件“stdlib.h”）

函数名	格 式	功 能	返回值
calloc	void *calloc（n，size） unsigned n; unsigned size;	为数组分配内存空间，内存量为 n*size	返回一个指向已分配的内存单元的起始地址；如不成功，返回 NULL
free	void free（p） void *p;	释放 p 所指的内存空间	无
malloc	void *malloc（size） unsigned int size;	分配 size 字节的存储区	返回所分配内存区的起始地址；若内存不够，返回 NULL
realloc	void *realloc（p，size） void *p; unsigned size;	将p所指出的已分配内存区的大小改为 sizesize，可以比原来分配的空间大或小	返回指向该内存区的指针

参考文献

[1] 谭浩强. C 程序设计. 4 版. 北京：清华大学出版社，2012.

[2] 谭浩强. C 程序设计学习辅导. 4 版. 北京：清华大学出版社，2012.

[3] [美]霍顿. C 语言入门经典. 4 版. 杨浩，译. 北京：清华大学出版社，2008.

[4] 郭来德. 新编 C 程序设计. 北京：清华大学出版社，2012.

[5] 崔武子. C 语言设计教程. 3 版. 北京：清华大学出版社，2012.

[6] 许洪军，王巍. C 语言程序设计技能教材. 北京：中国铁道出版社，2011.